高等院校艺术设计专业基础教程

产品设计手绘表现技法

蒲大圣　宋杨　刘旭◎编著

清华大学出版社

北　京

内 容 简 介

本书简要介绍了工业产品表现技法的基本概念分类、相关绘图表现工具、基本透视原理及画法、速写分类表现的方法过程及电脑效果图表现，结合数个手绘表现实例的分步图解，将设计师常用的几种表现技法以简明易懂的方式展现给读者，还列举了部分工业产品设计的具体实际案例，并对实际设计项目的流程做了基本阐述，使读者能够对工业设计表现与实际项目的结合有一个完整的认识。

本书结合了笔者从教十余年所累积的经验，以图文并茂的形式从基础表现入手，按照由浅入深、循序渐进的原则，结合图例和文字说明的形式展开详细讲解，旨在使读者能够快速领会和掌握。又把从业多年所积累的产品手绘训练经验和技巧以教程方式加以描述和总结，使初学者的创新思维和手绘技术能够得到有效提升。

本书适于高等院校工业设计类学生使用，同时也可以作为从事产品设计工作及其他相关学科的人员参考和使用。

图书在版编目（CIP）数据

产品设计手绘表现技法 / 蒲大圣，宋杨，刘旭编著. —北京：清华大学出版社，2012.6（2022.8重印）
高等院校艺术设计专业基础教程
ISBN 978-7-302-28590-8
I. ①产… II. ①蒲… ②宋… ③刘… III. ①产品设计-绘画技法-高等学校-教材 IV. ①TB472
中国版本图书馆CIP数据核字（2011）第072033号

责任编辑：杜长清
封面设计：刘 超
版式设计：文森时代
责任校对：赵丽杰
责任印制：杨 艳

出版发行：清华大学出版社
　　　　　网　　址：http://www.tup.com.cn，http://www.wqbook.com
　　　　　地　　址：北京清华大学学研大厦A座　　　邮　　编：100084
　　　　　社 总 机：010-83470000　　　　　　　　邮　　购：010-62786544
　　　　　投稿与读者服务：010-62776969，c-service@tup.tsinghua.edu.cn
　　　　　质量反馈：010-62772015，zhiliang@tup.tsinghua.edu.cn
印 装 者：涿州汇美亿浓印刷有限公司
经　　销：全国新华书店
开　　本：260mm×185mm　　印　　张：10.5　　字　　数：251千字
版　　次：2012年6月第1版　　印　　次：2022年8月第9次印刷
定　　价：49.80元

产品编号：046730-02

作 者 简 介

蒲大圣

毕业于鲁迅美术学院工业设计系　艺术硕士

现任教于沈阳工业大学机械学院工业设计系，沈阳创新设计中心设计总监

主讲《绘画基础》、《图形创意》、《视觉传达》、《产品设计与表现》等课程

合著有《设计素描快速进阶》一书

作品生物质燃油锅炉设计获得 2011 中国创新设计红星奖

另有多项多媒体课件教学成果获奖

获得数控机床防护罩等多项外观专利，另为多家企业提供了多项平面设计并被采用

发表 Discuss on Intellectual Property Right Protection in Product Design 等多篇国际学术会议论文

主持设计中科院沈阳科仪真空产品系列设备、中科院沈阳自动化所激光设备、营口金辰恒温线、生产线、装框机等多套设备、辽宁森然生物质锅炉等多项设计项目为企业创造产值效益数百万元

宋　杨

毕业于鲁迅美术学院工业设计系　北京理工大学工业设计硕士　现任大连大学工业设计系主任

著有《设计素描快速进阶》

刘　旭

毕业于清华大学美术学院工业设计系，现任教于沈阳工业大学机械学院工业设计系

主讲《产品设计表现》、《工业设计方法学》等课程，有多项设计成果被企业采用

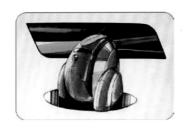

前　言

　　工业产品造型设计是根据产品的市场需求，将概念构想转化为现实产品的创造性过程。产品设计师应该具备深厚的美学涵养、熟练的表达能力和语言交流沟通能力、模型制作及相关的工程技术经验。这其中绘制设计表现图是极为关键的一个环节。无论在设计公司还是高等学校中它都被当做一项重要的基本功，只有熟练掌握这项技能，设计师才能在设计过程中不断将良好的创意表达清楚并与客户展开交流。所以，手绘设计表达能力越强越能够在产品设计过程中得心应手。

　　本书对产品设计表现的基本概念范畴、常用手绘表现工具介绍、基础透视理论与画法、结合实例进行的表现示范等都做了翔实的介绍。将创造性思维与表现方法合二为一，以循序渐进的训练方法为原则，突出举一反三的实用操作技巧，快捷方便。同时还结合部分企业项目的案例介绍了从手绘设计表现构思、效果图到样机加工、批量生产的整个流程，使读者能够更多了解到产品设计的实际相关过程。手绘表现是需要长期不断强化的技能，只要坚持不懈地观察分析和反思再加上自身勤学苦练，相信大家最后一定能够成为优秀的产品设计师。

　　由于水平有限，书中难免会有错误和疏漏之处，敬请读者指正！

编　者

目　录

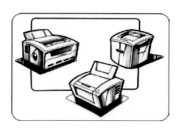

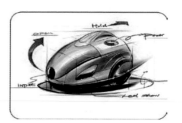

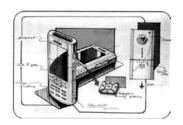

第 1 章　产品设计表现概述

工业设计行业在我国的日益发展和不断壮大，为企业产品的革新与创造带来了可观的经济效益，国家也为振兴工业设计的发展出台了各类优惠扶持政策，而工业设计人才的培养逐步成为各类高等设计院校的重要组成环节。因为工业设计本身是涉及艺术、科学领域的且带有自身特点的新型交叉学科，所以要求从业者具备敏锐的观察力和良好的创造力，同时更要有较强的表现能力和沟通能力，这也是诸多设计院校将美术基础训练作为学科初始课程的原因之一。

只有通过长期的强化手绘训练才能使学生掌握和灵活表达原创的产品设计灵感。此外，通过手绘表现的训练也可以为设计师积累大量的产品形态，增强其感性审美的认知能力，达到一定深度后就会做到有良好的触类旁通的形体想象力，更可能带来深层次的自身感悟和设计水平的层次提升。很多设计院校都无一例外地会把设计表现的课程作为专业必修课，就是因为一个新产品的诞生过程总是由新奇想法的产生到草图表达，经过反复推敲和确认后才会被用以制作模型数据和加工生产，手绘表现已经成为其中的重要一环。手绘是训练学生眼手脑并用、培养设计思维和启发创意灵感的重要方式。由此可见，手绘能力的高低在某种程度上讲是评价设计师能力的标准之一。

如今，计算机的应用虽然已经相当普及，许多方面如产品的结构设计、数控加工生产以及产品的营销网络都依赖于计算机，但许多公司在产品的设计阶段还必须用概念草图来做，用以分析研究和交流，其中最主要的原因就是草图表现的快捷性能为人们所接受。所以，手绘课程是设计教育体系中无法取代的重要组成环节，也是培养学生增强绘图表达力和展开创新思考的必经之路。

1.1　产品设计表现的概念

产品设计表现是指设计师接受任务后在平面空间内根据其自身思考使用线条勾画出产品的不同形态，以适宜的比例尺度、色彩质感处理、相关结构及示意说明等表达创意的过程。通过这一过程整理和筛选出更好的、更符合实际要求的设计提案以便于沟通交流和实际制作。一般在方案得到确认并通过修改后才会过渡到产品的三维效果图表现阶段和结构图制作阶段，因此在前期的概念草图表现阶段要求每个设计师都要以严谨的心态去细化表达和优化方案以避免后续阶段的反复修改而造成时间和成本的浪费。前期的概念形态草图设定在很大程度上决定了产品后期的效果图风貌乃至实际样机的加工结果。

设计表现是脑、眼、手的综合协同训练过程，我们既要用眼去观察也要用脑来分析和领会，更要通过手进行大量的强化练习才能掌握，这三者具有循环互动的密切关系（见图 1-1）。

所以手绘效果图是通过培养学生运用眼、脑、手三位一体的协作与配合，达到对产品形态的直观感受能力、造型分析能力、审美判断能力和准确描绘能力的训练。

图 1-1　脑、眼、手的综合训练

考进行不断完善最终形成具体提案的系统体系。在这一体系中设计师不仅要具备好的创想能力，更要具备相对良好的绘图能力。

国际上已经有许多知名的设计机构对产品设计从业者提出了基本素质要求，具体包括以下几个方面：

（1）掌握熟练的手绘表达能力；

（2）要有相对深厚的审美能力；

（3）语言沟通及交往上的变通能力；

（4）模型的加工制作能力；

（5）工程图纸的读绘能力；

（6）一定的电脑绘图能力；

（7）项目的组织管理及协调能力等。

其中，在大学专业设计教育阶段需要重点培养的能力就是基本的创意思考和手绘表现能力，特别是对于工科院校学生来讲，部分地存在基础相对薄弱、眼高手低的情况。因此，练就一套过硬的手绘基本功不但可以让我们的想象思维得到升华，也能让方案的沟通交流变得更加顺畅，效率得以提升。

设计表现是设计师把与具体产品有关的构思想象等通过图示语言使其形象地展现出来的过程，其具体的价值意义和目的包括以下几个方面。

（一）设计表现的意义

有了好的产品创意灵感却因表现不出来或表现不到位而失去了被认可和生产运用的机会，这无疑是很遗憾的。想在相对有限的时间内构想出大量的产品造型方案，徒手绘制草图或效果图将是相对最为快捷的方式，这也是设计师必须具备的独特表现语言。

设计师往往需要根据实际需求，把富有创意的想象转化为对人有用的现实产品。这就需要把我们脑海中的想象加以视觉化，即运用专业设计特殊表达形式，将相对抽象的想象付诸图纸上的过程。所以，产品设计就是在结合具体项目要求的前提下，设计师根据对市场信息、同类产品的调研分析，运用自己的创造性思

（二）设计表现的价值

有了好的创意固然可贵，但把瞬间的思维火花转化成为设计图就需要借助于形象的描绘与展现。设计表现图就扮演着进行产品研发及对产品进行推销的重要角色。很难想象，如果没有了生动的产品影像该怎样把产品卖给别人，人们只有看到具体的物象才会产生相应的信任感，所以设计表现是产品发明制造乃至销售阶段不可或缺的重要环节。

很多知名产品的设计师都会有这样的感触：概念性产品草图可能就会为一个企业带来数以万计甚至亿计的价值，著名的苹果

公司 G 系列产品最大的卖点就是令人耳目一新的设计和强大的功能。

因此，工业设计师通过有前瞻性的创新表现往往能够给一个企业产品带来新的生命力和卖点，这也正体现了设计表现力的的确确具有开创新市场的实际价值。

（三）设计表现的功用

设计表现的主要功用体现在以下几个方面：

（1）能够使我们的创作思维和技能更加灵活多变；

（2）它是便于设计师之间展开交流，向客户陈述设计思维的视觉语言；

（3）能够在产品设计制造过程中及时发现和处理问题；

（4）创作的表现作品是灵感的记录，还可以给人以美的视觉体验。

1.2 产品设计表现的类别

设计师在记录灵感、推敲方案结构及色彩、展示最终设计效果时往往需要借助于设计草图和效果图。因此先给大家介绍几种经常用到的表现图。

（一）形态构思草图

一般是指在产品最初设计阶段的信息收集、思路灵感记录时所勾画的概括性草图，它往往不需要过多的细化处理，主要用来明确和初步记载思维设想，只需把较好的设计构思表达到纸面上即可。形态构思草图一般只用线稿，偶尔配合少量色彩来表现，并配以简要的文字说明（见图 1-2 ～图 1-5）。

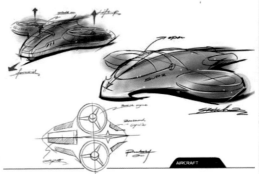

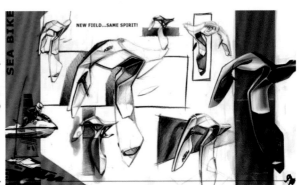

图 1-2　机箱产品形态概念草图　　　　图 1-3　飞行器概念设定草图　　　　图 1-4　交通工具产品形态草图

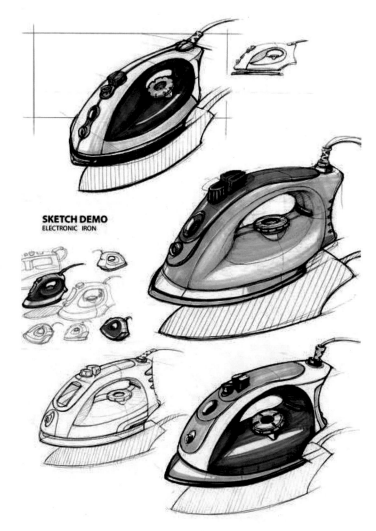

图1-5 小家电形态设计草图

（二）结构分析草图

结构分析草图通常是对构思阶段的草图进行讨论和分析后，展开围绕产品的各部分形态、结构组合等多方面细节进行具体表达以使方案更加明确和完整的表现图（见图1-6～图1-8）。

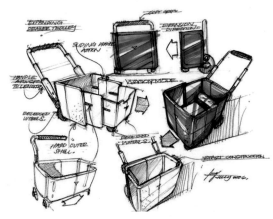

图1-6 旅行包设计草图（一）

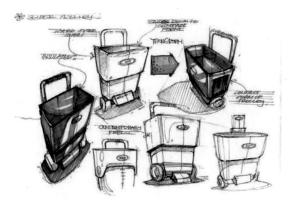

图1-7 旅行包设计草图（二）

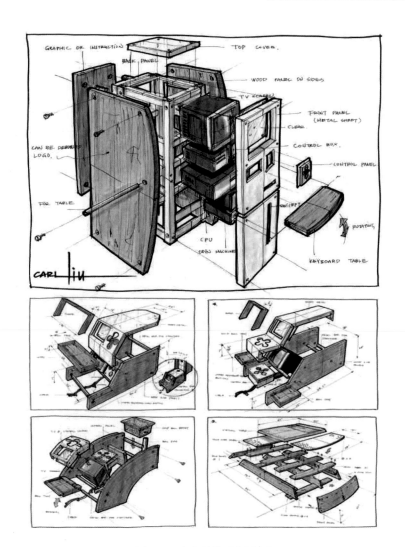

图 1-8　产品结构分析草图

（三）最终效果图

最终效果图指对分析后的确认草案进行优化处理的表现图，主要针对产品的立体光影关系、色彩质感等进行处理完善，通常以三维透视角度来表现，要求尽可能真实和清楚地展现产品的整体风貌特征。这种效果图一般包括手绘方式和计算机表现方式，但都需要花费较长时间绘制（见图 1-9 ～图 1-11）。

图 1-9　个人交通工具设计效果图

图1-10　概念汽车设计效果图（一）

产品效果图是整体表达程度更趋完整和真实的表现形式，根据类别和设计要求大致可分为方案效果图、展示效果图和三视效果图等。图1-12～图1-16体现了效果图所应具备的说明性。目前在国内外很多院校中经常会把草图与效果图结合在一个版面中来展示方案，这样做能够使观者对设计的产品有更加深入的了解和体会。

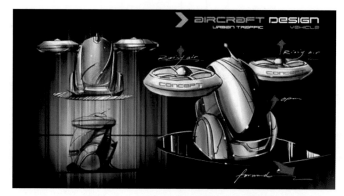

图1-12　概念型飞行器设计表现图

图1-11　概念汽车设计效果图（二）

图1-13　概念汽车设计效果图（三）

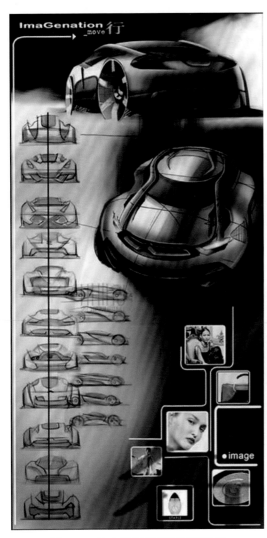

图 1-14　汽车造型提案版面设计图

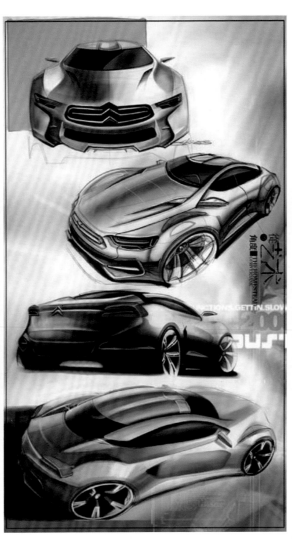

图 1-15　汽车造型设计提案不同角度效果图

图 1-16　汽车产品设计版面效果图

1.3 产品设计表现图的特点及基本要求

（一）设计表现图的特点

设计表现的语言形式千差万别，这与行业发展及具体应用标准要求是密不可分的。因此在工业设计、环境室内设计、服装设计、平面设计、插画设计等诸多领域中都体现出与各自行业相符的特点。

虽然行业不尽相同，风格也多种多样，但这些表现图都能体现出一些共性特点，具体如下。

1. 生动形象

为了能够吸引并打动人，设计图必须生动形象并且具备形态准确、线条表达流畅、符合透视原理、立体感强、质感真实等特点，以使别人都读懂、理解、产生思维上的共鸣进而唤起需求。

2. 快速方便

产品表现图可将瞬间产生的创意火花转化为视觉可感知的形象，也是向客户展示设计提案时经常用到的交流形式，在加工制造环节上也需要提供，以便于生产部门理解结构意图。因为时间有限所以往往会展现出快速方便的优势。

3. 美观耐看

对美的追求是人类始终不变的信仰，设计作品也要经得起时间的考验，如果不具备美感，好比红花缺绿叶一样黯然失色。设计效果图虽不是纯艺术品，但也必须有一定的艺术魅力。优秀的设计图本身所展现的是设计师的设计品质和工作态度。

4. 图文并茂

在表达草图、效果图时需要借助图形、文字及语义符号的结合来对设计提案的创新点展开具体的说明，这样能够使人更易理解和体会设计的具体细节，所以表现图也应具有高度的说明性（见图 1-17 和图 1-18）。

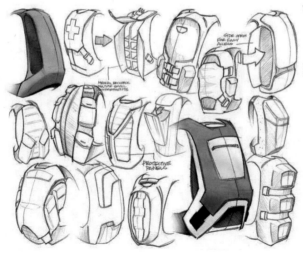

图 1-17　便携式背包设计草图

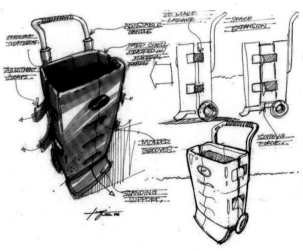

图 1-18　箱包设计结构分析图

设计草图与效果图的目的是设计师进行灵感记录、推敲方案、交流信息和展示最终设计方案。在设计草图中一般包括产品形态的对比和确定、功能的说明性文字、产品不同视角的展现、色彩的选择、基本尺寸的界定以及结构上的分析等（见图 1-19）。

良好的创意想法无法准确表达或描画得不够清晰和明确，必然会影响到产品方案的交流和确认，因此掌握良好的产品手绘能力是工业设计师的基本职业要求。工欲善其事，必先利其器。笔和纸加上良好的创意想法可以说是设计师的武器，而要用好这些武器就必须熟悉其基本的使用方法以及运用上的技巧，每个人在学习之初都会画得生涩难看，这就要求我们一定以平和的心态去面对，不能浮躁和厌倦。学习本身就是一个由浅入深、循序渐进的过程，手绘表现也是同样的道理。熟能生巧，只有经过大量的练习才能总结出适合自身的表达方式和技巧，所以无论画得如何，这都只是暂时的状况，只要设计师保持良好的心态，不断反省并勤于练习，就一定能成为设计表现上的合格人才（见图 1-20 和图 1-21）。

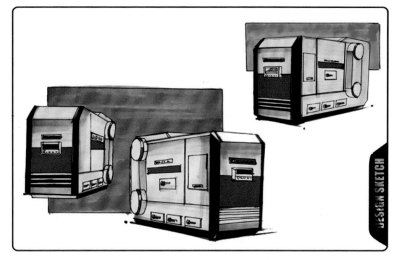

图 1-20　重型工业锅炉草图

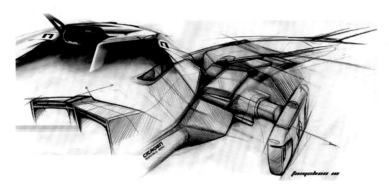

图 1-19　汽车控制区分析草图

图 1-21　家用吸尘器设计草图

（二）产品手绘的基本学习方法

平时多去分析和临摹优秀的手绘作品，加强观察和善于记录是学好手绘的一种方法，因为手绘是脑、眼、手相互密切配合使用的过程，唯有通过眼睛多去看好的作品，通过大脑的不断深入认知思考，再配合手上强化的大量训练，才能提升手绘能力。人的审美标准往往也需要花费较长时间才能得到提高，在设计艺术领域亦是如此，通过多看、多记、多画不但能提高我们的审美标准，发现自身表现的不足并努力调整，也会使我们从别人的作品中得到经验和感悟，并转化到自己的实际练习中。从笔者自身学习手绘的过程来看，通过观察别人的优秀作品，总结出其设计上的基本表现技巧（文字描述即可），经过反复记忆后再勾画自己的作品并努力体现那些技巧，往往会有很大的成效。

产品手绘的主要构成因素是线条、透视、比例构图、光影关系及配色处理，这其中最主要的就是线条的运用和表达。线可以说是形体的构成骨骼，有了勾画准确的线条作为支撑，后期的光影明暗处理、添加色彩就犹如锦上添花，可以使形体更加生动夺目（见图 1-22 和图 1-23）。

哲学上常讲由量变才能有质变，没有量的积累就谈不上质的提升，学习手绘过程也必然遵循这一规律，唯有下苦功勤于思考和勤于练习才能掌握。

课程作业练习

① 回顾和思考课程中有关手绘的基本理论知识，挑选比较简单的设计草图初步进行草图的临摹。

② 作业要求：A4 图纸 10 张，注意体会用线表现的基本过程。

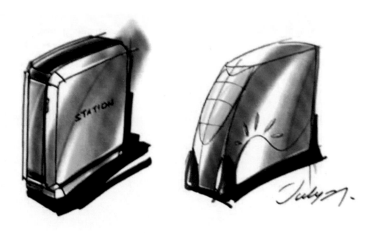

图 1-22　机箱产品外观设计草图方案

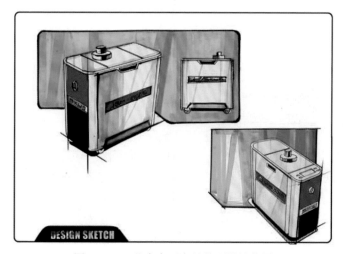

图 1-23　工业真空泵产品外观设计草图

第 2 章　设计表现用具及基础性训练

2.1　常用手绘工具与材料

根据笔者多年的手绘经验，学好手绘表现并不一定要购买品类齐全的各种绘图工具，很多时候只要选配得当，简单工具一样可以画出有视觉表现效果的草图。

（一）常用的笔类工具

铅笔：绘图铅笔的种类很多，一般根据铅芯的软硬不同，"B"表示较软而浓，"H"表示轻淡而硬，"HB"表示软硬适中。绘图中常用 H、HB、B、2B、4B 等铅笔，一般 2B 以上的较软绘图铅笔经常用于绘制徒手方案草图（见图 2-1）。

签字笔（水性笔）：建议选择 0.7、0.5、0.3 各若干，它是以后设计师常用的草图速写表现工具（可以购买专用笔芯以节约成本）。

马克笔是设计行业中广泛使用的设计表现工具，它的优越性是色彩多样，使用携带方便，可提高作画速度，已经成为广大设计师进行产品设计、室内装饰设计、服装设计、建筑设计、舞美设计及动漫设计等必备的工具之一（见图 2-2）。

马克笔可分为油性和水性两类，色系繁多，总体可分为冷色系、暖色系和中性色系，建议按深浅相近的色系购买，黑色、橘色、系列灰色系等常用色可以多买几支，选择笔的两端（粗细不同）均可绘图的那种为宜。因其具有较强的纸面附着性，因此在绘图中不宜反复涂抹修改，马克笔具有挥发性所以应该注意保存。

水性马克笔：绘画效果与水彩相近，笔头形状有尖头、方头及圆头等，适用于表现不同面积的画面与粗细线条的刻画。

油性马克笔：通常以甲苯为溶剂，具有浸透性、挥发较快，具有广告色及印刷油墨效果。油性马克笔使用范围广，能在诸多材质如玻璃、金属等表面上使用，它不溶于水，所以也可以与水性马克笔混合使用。

在我们的产品设计训练中最好使用 TOUCH 品牌的双头马克笔，便于表现粗细不同的局部画面（见图 2-3）。

图 2-1　绘图铅笔及签字笔

图 2-2　系列马克笔

（二）常用马克笔的颜色型号参考

R22\ R98\ R15\ R91\R25

Y104\Y100\Y35

G46\ B66

YR21\ YR23\YR24\YR31\YR34\YR96\YR103

GY47\ GY48 \GY49

GG1\GG9\GG5\GG3\G52

WG1 \WG4\WG6\WG8

CG1\CG2\CG3\ CG5\CG7\CG6\BG3\YR99\G43\G56

BG51\BG7\BG3\BG54\BG57\BG68

PB69\PB74\PB62\PB75\PB64

PM48\PM4\PM147\PM78\PM17\PM132

选用颜色也可参考色卡（见图2-4）。

（三）常用纸张工具

水彩纸、铜版纸（适于色粉表现）、水粉纸、A4复印纸（用于画速写）。

（四）绘图笔及颜料工具

水粉颜料、水彩颜料常用色各若干；

色粉：主要用作产品表面色彩过渡处理（建议使用文华堂的）；

尼龙水粉笔：主要用来绘制形体表面和色粉着色处理，要求笔刷工整（见图2-5）。

彩色铅笔：使用方便、简单、易掌握，运用范围广，效果好，是目前较为流行的快速技法工具之一（见图2-6）。

板刷：主要用于清理画面和背景渲染铺色。

勾线毛笔：用于产品图表面的后期勾画亮线及点高光。

图 2-3　TOUCH 品牌马克笔

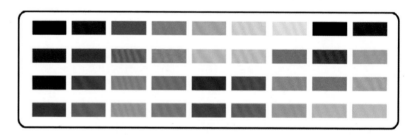

图 2-4　马克笔常用色卡

图 2-5　尼龙笔及颜料、色粉

图 2-6　绘图彩色铅笔

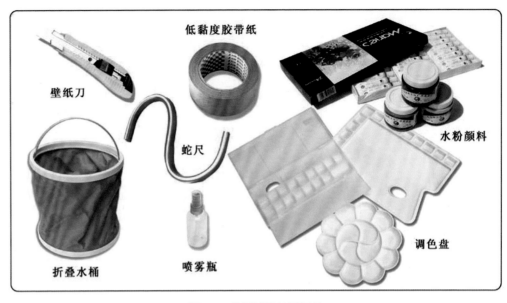

图 2-7　常用辅助绘图用具

（五）其他辅助绘图用具

画板、直尺、三角板、云形板、圆形及椭圆板、调色盘、折叠水桶、4B 美术橡皮、透明胶带、壁纸刀、低黏度胶带纸（遮挡用）、定画液等（见图 2-7～图 2-9）。

图 2-8　各类专用绘图尺

图 2-9　绘图定画液及板刷

2.2 基础性线条训练

对于初学者，在学习手绘过程前期需要建立对线的重要性的认知。线是速写和手绘的灵魂，只有掌握好线才能为以后的深入描绘作铺垫，所以在开始学习前有必要掌握线条的运用和表现方法。之所以从线条入手学习手绘，也是笔者多年经验总结出来的最简便易学的方法。

初学者开始学习手绘时往往感到无从下手，容易出现形状比例失调、形体不准确、反复修改涂抹、线条凌乱琐碎、主次表现不清等情况，当然这也是很多学生的共性。这其中很大原因就是没有找到合适的方法和途径，如果长期得不到有效引导和调整必定会影响到学习的兴趣和状态。

线，可以说是产品设计表现中运用最多的一种画面组织元素。线条有长短、粗细、浓淡、虚实、刚柔、疏密等多种变化。我们运用线条来组织和表现画面的前提就是要把握住准确的形体，这就包括了形体的轮廓、比例、结构等方面的因素。形不准则线无所依，因此，线条的运用和表现可以说是掌握设计语言的基础条件。

线条有多种不同的组合形式，利用线不但可以构成形体的基本造型，同时也可以形成不同的材质质感表现效果。图2-10和图2-11提供了几种常见线条训练的基本方式，通过这些不同的运笔能够找到不同的线条感觉，如虚实、轻重、强弱、刚柔、疏密等多种变化和对比的笔触。

（一）直线训练图例

图2-10　各种直线排线练习

（二）曲线训练图例

图 2-11　各种曲线排线练习　　　　　　图 2-12　肌理排线练习　　　　图 2-13　线的基本形体表达

（三）其他排线训练

使用线条还可以组合成不同的肌理图形，便于以后在表现形体不同构成材质时使用（见图 2-12 和图 2-13）。

 课程作业练习

① 按照本节所提供的示意图，了解用线条来表现基本的形状和质感纹理，练习排线及画不同线形的基本方法。

② 以基本几何形体及静物形体线稿作为参考，以单线形式来绘制形体，注意对线条的处理和概括。

③ 作业要求：A4 图纸 10 张，注意体会线条的不同疏密变化所体现的特点。

2.3 产品设计中的透视画法

透视图最早应用于建筑设计领域，20 世纪 50 年代美国伊利诺伊州理工大学设计学院的 Jay Doblin 教授正式发表设计师透视图法，弥补了透视图画法上的缺陷，并以其简便和准确性很快得到了各国设计师们的认可，成为当今设计界透视理论课程的重要组成部分。

透视图画法是塑造产品形态立体感和空间感的表现基础。掌握基本的透视制图法则是画好效果图的前提基础，也是产品设计师们绘制产品效果图过程中的重要环节。所以设计师必须掌握基本的透视画法。

首先需要先熟悉透视中常用的名词。

（1）视点：绘画者眼睛的位置。

（2）视高：绘画者眼睛的高低程度。

（3）视平线：与绘画者眼睛所处高度平行的水平线。

（4）灭点：形体边线延长后的消失灭点。

（5）视线：绘画者眼睛视线到景物的连线。

（6）视域：或称视野、视圈，是绘画者看到景物时的空间范围。

（一）透视分类

在现实生活中存在三种常见的透视现象，按照视点与物象之间的位置、角度的不同可以将其分为一点透视、两点透视和三点透视。下面以立方体为例对这三种透视现象和具体画法作具体介绍。

● 一点透视，也叫平行透视

一般是指当立方体上下水平边界与视平线平行时的透视现象。这种透视中立方体边线的灭点只有一个且相交于视平线上一点，所以叫一点透视（见图 2-14 ～图 2-16）。

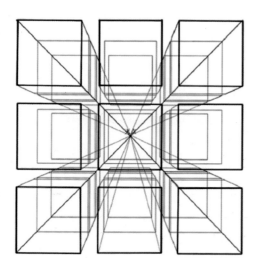

图 2-14　一点透视示意图

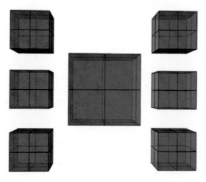

图 2-15　群组立方体一点透视示意图

图 2-16　具体产品的一点透视示意图

● 两点透视，也叫成角透视

当立方体旋转一定角度或者视点转动一定角度来观察立方体时，它的上下边界会出现透视变化，其边线延长线会相交于视平线上左右两侧的两点，所以叫两点透视。这种透视是产品设计中最为常用的表现角度（见图 2-17 ～图 2-19）。

● 三点透视，也叫倾斜透视

这种透视常见于对立方体的俯视和仰视。立方体上下边线与视平线不垂直，各边延长线会分别消失于三个点形成三点透视。这种透视常用于表现形体高大宏伟的物象，因此多用于建筑设计领域，在产品设计中并不多见（见图 2-20）。

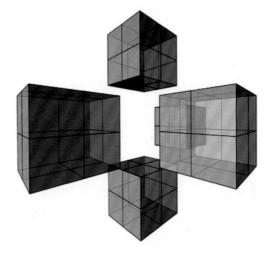

图 2-18　群组立方体两点透视示意图

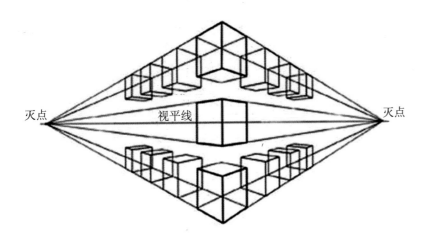

图 2-17　两点透视示意图

图 2-19　具体产品两点透视示意图

（二）透视图画法

下面以立方体为例介绍在实际使用中的三种透视的具体画法。

● 一点透视画法

（1）在画面中的偏上位置先确立一条视平线，确定出视平线上的左右灭点 L 和 R，取其中点为视点。

（2）从视点引视垂线，确定立方体 N 点位置。

（3）过 N 点做一条水平线，取 AB 段为立方体边长。

（4）将 A、B 两点与视点及左右两个灭点连接，相交于 C、D 两点，ABCD 为立方体底面。

（5）由 A、B、C、D 分别向上引垂线，使 AE=BF=AB。

（6）将 E、F 与视点相连，且与 C、D 垂线相交于 G、H 两点，

连接 E、F、G、H 各点，则 ABCDHEFG 立方体就是所求得的一点透视立方体（见图 2-21）。

● 两点透视 45° 画法

在 45° 透视的情况下立方体正面及侧面大小接近相等。

（1）在画面中偏上位置画一条视平线，确定出视平线上的左右两个灭点 L 及 R，取其中点为视点。

（2）由视点向下引垂线，此线为正方体对角线。

（3）由两个灭点 L 及 R 向这条垂线上任意一点画透视线可得到立方体最近一个角 N。

（4）在 N 点上方画一水平线与两条透视线分别交于 A、B 两点。

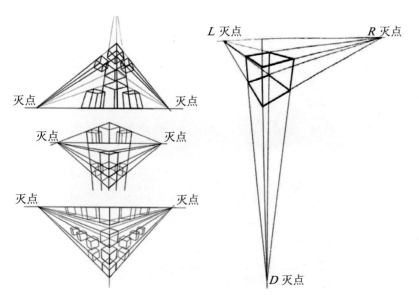

图 2-20　三点透视示意图

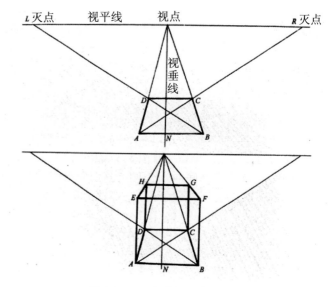

图 2-21　一点透视画法示意图

（5）由 *A*、*B* 点分别向两个灭点 *R* 及 *L* 引透视线，相交于视垂线上 *C* 点，可得到立方体底面透视图。

（6）由 *A*、*B*、*C*、*N* 向上画垂线，并以 *AB* 为半径画弧线，与 *B* 点的 45°斜线相交于 *Z* 点，再经过 *Z* 点画一条水平线，与 *A*、*B*、*C*、*N* 垂线相交于 *D*、*F*、*G*、*E* 各点。

（7）连接 *DE*、*GF* 向 *L* 灭点的透视线和 *FE*、*GD* 向 *R* 灭点的透视线，即完成 45°透视立方体的绘制（见图 2-22）。

● **两点透视 30°及 60°画法**

（1）画一条视平线，定出视平线上左右两个灭点 *L* 及 *R*。

（2）标出两个灭点 *L* 和 *R* 的中点 *O* 为测点。

（3）定出 *O* 点和 *L* 点的中点 *M*。

（4）定出视点 *M* 和 *L* 的中点 *P* 为测点。

（5）由 *M* 点向下引垂线，在适当位置可定出立方体最近一个角的顶点 *N*。

（6）通过 *N* 点引出一条水平线为基线。

（7）在 *NM* 线段上定出立方体高度 *NH*。

（8）以 *N* 点为中心，*NH* 为半径画圆弧与水平基线交于 *X*、*Y* 两点。

（9）由 *N* 点分别向左右两个灭点 *L* 及 *R* 引透视线，同样画出由 *H* 点向 *L*、*R* 的透视线。

（10）连接 *O* 点与 *X* 点，*P* 点与 *Y* 点，可得到与透视线的两交点 *A* 和 *B*，经过 *A*、*B* 点向灭点引连线，可得到立方体底面。

（11）再从立方体底面 4 个顶点分别向上引垂线并得到交点 *C*、*D*、*E*，依次连接各条边线则可完成立方体的绘制（见图 2-23）。

课程作业练习

① 绘制我们经常接触的一点透视、30°及 60°这三种透视步骤图。

② 绘制出立方体、圆柱体、圆锥体及方形相贯体的三种不同状态透视图。

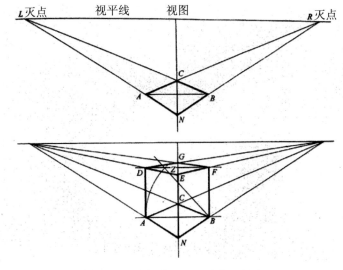

图 2-22　两点透视 45°画法示意图

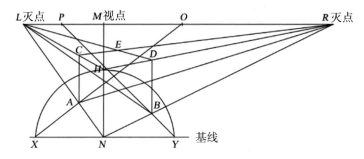

图 2-23　30°及 60°两点透视画法

（三）设计中透视角度的选择

在产品设计中往往根据所要表现的内容来选择合适的表现角度，其中常用的表现角度是 30°、45° 和 60°（见图 2-24 和图 2-25）。

无论选择了哪种透视角度，它们都会表现出共同的透视特点，即近大远小，近实远虚。

为了便于更好地理解和把握透视规律，在此提供一种很有效的训练方法：通过对简单几何形体的空间动态变化进行想象和描绘来展现其不同的透视角度变化（见图 2-26），待基本熟练后再逐步过渡到具体的产品表达中。

图 2-25　相机产品透视变化角度分析

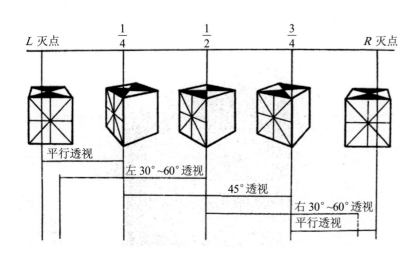

图 2-24　视角角度变化示意图

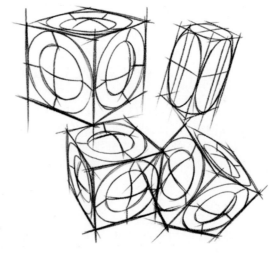

图 2-26　立方体空间透视变化训练

以下是数码相机的空间变化表现图，这种将透视与空间变化进行组合的训练是在二维平面画纸上展现产品三维的立体效果，它对于产品空间形象的塑造是必不可少的。这样能够全方位地对产品形态及结构进行描述，是增强人的视觉感受和画面效果的重要手段（见图 2-27）。

这其中还可以通过简单概括的线条处理、明暗虚实变化以及添加少量的色彩来表达产品的空间变化，通过这种想象和表达训练可以增强我们对形体空间和透视变化的理解。

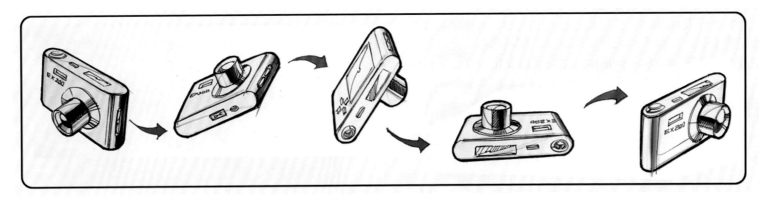

图 2-27　具体产品的空间透视变化表现图

图 2-28　打印机产品图

 课程作业练习

观察图 2-28 所示产品影像照片，分析其属于哪种透视，绘制其 5 种不同空间角度的成角透视图线稿（可参考图 2-27 的表达形式进行绘制）。

2.4 设计表现的构图

在以前的绘画基础中就强调过构图概念的重要性，它通常是指设计师在所限定的空间平面内对所要表达的物象进行有效合理的组织处理和安排布局，以使版面在视觉审美及效果上更能突出主次关系，并且优美和谐。构图得当会使表现的对象生动协调且富有视觉引力。

在实际工作中需要留意的构图主要包括以下几个方面。

（一）构图的平衡

指构图的对称平衡与非对称平衡，一般采用非对称平衡的形式较多；画面中表达的是单件产品时，则产品不是放在正中央而是略偏一侧；如果是多件组合产品，则需要通过组合产品相互的位置、大小、前后空间关系进行搭配。

（二）构图画面的比例

一般指所画产品与画面之间的比例问题，所画产品比例要得当，太大会产生画面过满、拥挤的感觉，过小会产生空洞、不饱满和失衡的感觉。

根据设计图表达交流的需要，我们通常会选择最能体现出创意亮点和视觉效果的角度作为构图依据，多以能展现产品三个观察面的角度为宜。当然有时也需要配合其他不同角度的图像来作进一步的说明。

（三）虚实及主次关系

多指产品组合的相互衬托关系的处理要适宜，应使主体物象鲜明突出，次要形体就要考虑放置的前后位置及表现上不应喧宾夺主。一幅设计作品的画面布局通常也需要经过缜密的思考，画面中的每个组成部分、每个图形或文字的位置、所采用的色彩等因素都应围绕主题发挥作用（见图2-29）。

在具体的产品设计中通常也会借助于一些常用的版面元素，如框架分割线、视觉引导线、箭头指向说明及其他符号等来丰富构图画面（见图2-30）。

图2-29　产品表现中的画面构图（一）

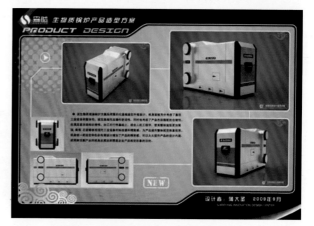

图2-30　产品表现中的画面构图（二）

2.5 光影明暗的表现

理工类的设计学员都或多或少系统学习过素描和色彩等基本绘画知识和相应的表现技能，因此按照传统绘画的表达方式一样可以塑造出一个生动立体的产品形象。但在实际设计流程中，往往不会按照这种方式花费很多时间去描绘，人们需要的是更快捷和方便形象的视觉表达语言。所以诞生了用马克笔、彩铅、淡彩等形式的快速设计表现手段。虽然采用的是不同介质，但它们都会体现出相同的特点，那就是通过黑、白、灰的明暗关系来塑造立体影像。只有掌握了光影分析的基本规律和方法，在描画头脑中不同类的产品形象时才能得心应手。所以要想画好设计草图或是快速效果图，一定要在光影表现上多下工夫。下面就以马克笔为工具介绍基本的光影表现的常识和方法。

我们知道，以铅笔绘制出不同层次的色阶可以方便地进行明暗关系的处理，那么换成专业的设计表现工具笔也同样能够表现色彩的深浅。有了这种理解和熟练运用后就可以表现不同类的具体产品。

对于马克笔的初学者来说，一般应先进行单色排线表现的专项练习，这种类似素描的画法，主要通过不同深浅的灰色系笔触叠加和过渡衔接来进行形体的塑造，可以直观形象地表现产品的立体感，所以相对比较容易掌握。

（一）马克笔排线练习

色阶排色练习：用灰色系马克笔，按照由浅到深的顺序进行排色练习，体会色彩从亮到暗的过渡变化（见图 2-31 和图 2-32）。

按照上述方法，还可以选择暖色或冷色系马克笔进行色阶的排线练习，以针对以后具体的产品描绘。

（二）光影分析（明暗五个基本色阶）

图 2-31　黑、白、灰色阶表现

光线在产品形体表现中的作用是相当关键的，正因为有了光影关系，产品的立体感才变得更加真实。光线中一般包括人工光和自然光两类，人工光是人造光源发出的光线，自然光则是来自日光。

在绘制产品表现图的时候，

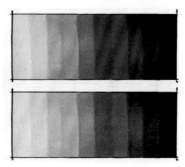

图 2-32　彩色色阶表现

为了增强产品立体效果往往会在画面的不同方位拟定存在一种光源，通常是物体上方 45°投射的平行光。进行具体表现时则需要对光影关系进行提炼和概括，总的原则是抓住明暗对比反差大的部分，使用由浅及深的方式逐渐进行深入刻画。

一般情况下，物体在光源的照射下均会呈现出规则的色调分布，根据其形态及其与光源的角度不同，依次概括为亮部、灰部、明暗交界线、暗部反光及阴影等五大色调区域（见图 2-33），这是在设计表现过程中概括不同明暗区域的一个基本规律。在现实生活中，由于物体不同的结构形态，其五个基本色调的分布情况也会有自身的特征，在具体表达时需要加以区别对待。但无论产品的色彩多么丰富，在运用工具进行表现时，都应从这五个基本色调入手进行分析和把握。

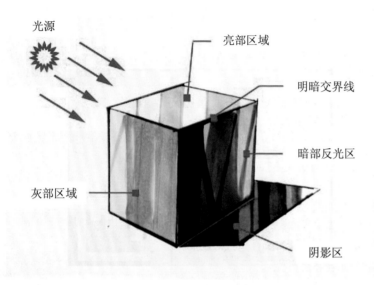

图 2-33　立方体明暗光影关系分析

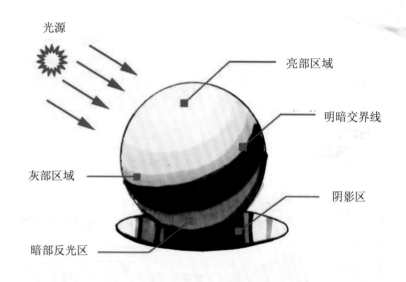

图 2-34　球体明暗光影关系分析

● 光影关系的表现步骤分析

【1】先用 0.7 水性笔勾画立方体、球体、圆柱体或圆锥体等基本形体轮廓。

【2】然后使用浅灰色马克笔抓住明暗交界线开始绘制暗部区域，拉开层次对比。

【3】重色继续强化暗部，再使用中灰色马克笔刻画灰部过渡区。

【4】最后象征性地用更浅的灰色在亮面添加少许笔触，曲面光滑形体则还可以添加高光亮点处理，完成基本明暗立体关系的塑造（见图 2-34 和图 2-35）。

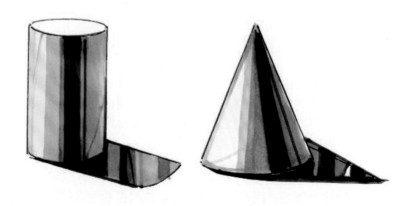

图 2-35　圆柱体及圆锥体明暗光影表现

课程作业练习

① 根据本节所提供的形体明暗分析及笔触表达示意图,熟悉马克笔绘制形体及排线的基本方法。

② 绘制几类常见的不同形态的几何形体线稿,然后使用灰色系马克笔进行光影表现。

③ 对图 2-36 的产品进行明暗表现,注意把握对线条及明暗关系的处理和概括。

④ 作业要求:A4 图纸 10 张,注意体会和总结马克笔塑造形体线面的基本技巧。

图 2-36　多功能复印机

2.6 辅助形体结构线的表达

产品形态线条的表现一般都会体现出速度感和流畅感,而其中都包括 3 种线条。

(1)外轮廓线,可突出展现产品的特征,使形体更加清晰,有些时候可加重外轮廓线形成很强的对比效果。

(2)基本结构线,主要表达产品的各部分组成基本形态,通常近实远虚。

(3)剖面、截面线,主要用来衬托产品的立体空间结构变化特征,能够使产品图更具体量感,特别适合表现有曲面变化的形态。

3 种线条的对比效果如图 2-37 ～图 2-40 所示。

每个学员都应该在这 3 类表现形式上进行强化练习,它不但可以使我们的空间形态想象能力得到增强,同时也会让我们拥有更加丰富灵活的表现方式。

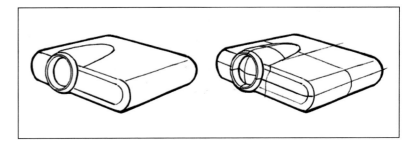

图 2-37　产品轮廓结构线和添加了截面线的效果对比

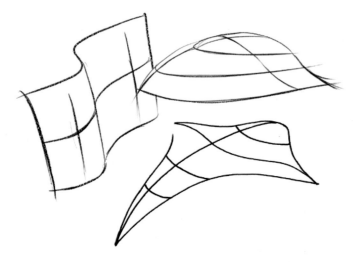

图 2-38　剖面、截面线表现的曲面形体效果

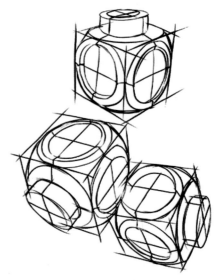

图 2-40　形体空间变化及辅助线的表现

2.7　不同材质的表现方法

　　材质是产品设计表达中很重要的一个组成环节，现实生活中的每种物品都有其特定的纹理质感效果，而在进行快速表现的过程中就需要对这些纹理材质特征进行高度的概括和提炼。图 2-41 是笔者在表现实践中提炼出来的几种常用的表现示意图，供大家在绘图时进行参考。

　　当然，这些材质的表现形式并不是一成不变的，还要靠我们在实际应用中不断摸索和总结，灵活掌握和运用材质的不同表达方法，对不同类的产品材质塑造将有极大帮助。

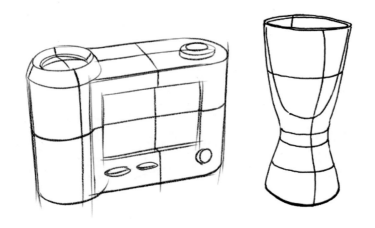

图 2-39　截面线表现的产品形体效果

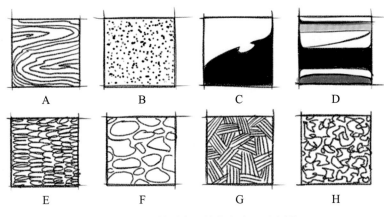

图 2-41 不同材质表现的基本纹理示意图

注：A——木材   B——亚光面（如橡胶等）
　　C——高反光玻璃   D——钢质金属
　　E——布面（地毯等） F——石材
　　G——局部衬托纹理 H——植物或花纹类

● **产品材料的质感表现**

木质材料多见于家具、环境装饰领域。木材质感可以用 0.5 水性笔画出具有木纹生长特征的纹理线条，再用偏暖的浅色色彩勾画第一遍色，之后用较深的暖色调涂第二遍色，同时也要注意反光区域的协调处理。

塑料类材质是工业产品中应用较多的一类，大多数家用电器、IT 类产品等采用较多。按其表面的效果划分为亚光类和亮光类两种，亚光有类似麻面的颗粒效果，亮光则有些类似金属漆面的效果，在表现时可以结合颗粒类表现和预留反光区进行处理。

金属质感的表现也是工业产品中应用较多的表现材质，绘制时一定要抓住其明暗的高对比度，使亮部直接和暗部形成对比，以流畅的明暗面对比来表现其光滑效果。可考虑适度添加少量蓝色、紫色等冷色做环境衬托。

玻璃类材质，常见于表现屏幕、车窗、器皿类产品，一般也采取明暗部分的高反光对比效果，预留出反光区域，同时可以结合适当的背景衬托部分玻璃的透明特质。也可以考虑使用底色高光画法来绘制（深色背景上以浅色色彩来反衬形体），通过勾勒高光亮点亮线来增强其透明光滑质感。

陶瓷等类石材材料则具有一定的光泽质感，表现时可以用先由浅及深逐步上色的方法绘制出一个大的色彩基调，再勾画少量纹理。陶瓷类石材材料的黑白灰过渡相对比较柔和。

  课程作业练习

① 根据本节所提供的形体材质笔触表现示意图进行练习，掌握基本的形体表面材质基本表达方法。

② 自行积累 10 种以上不同材料肌理的表现图形。

③ 选择几种不同类材料的产品进行质感表现，注意整体效果的把握和概括。

④ 作业要求：A4 图纸 6 张，体会和总结以肌理塑造形体的基本技巧。

第3章　手绘速写表现

设计速写的训练是从基础绘画逐渐转入专业设计学习的过渡课程。本章主要介绍产品设计速写的基本概念、特点和表现流程。通过具体课题安排使学生能够尽快掌握单线速写、线面结合速写及淡彩速写的技法，结合一些优秀作品案例使初学者加深对快速设计表现的理解和认知。

3.1　设计速写的概念、作用及分类

速写是一种简便、快速和准确地表现产品形态造型的基本技法，也是收集和整理各种设计思维和信息最有效的绘画方式。速写通常用线条来组织画面，以概括性的线条来表现形体，通过速写训练可以培养我们观察事物和使用概括凝练的艺术形式表现形体的能力。同时坚持进行速写练习对于提高我们的形象想象能力及创作表现能力是极其重要的。

许多刚接触设计的人感觉到创作和想象能力的匮乏，其中一个重要原因就是生活积累太少，头脑中缺乏应有的素材。通过速写训练不但可以产生强烈的表达欲望，也可以使我们的思维更加灵活，而这一切仅靠坐在电脑前欣赏和临摹别人作品是办不到的。速写贵在坚持，需要我们以生活作为创作表现的源泉，在日积月累的过程中才能使设计灵感不断产生，表现力得到有效提升，才能更好地从事设计工作，更会让我们把观察力和想象力整合在一起有效服务于具体的产品设计项目中。

（一）设计速写的作用

（1）设计速写可以快速记录形象以及收集资料，可以用概括的方式记录描绘他人的优秀设计产品，积累大量的设计素材。

（2）设计速写是表达头脑中构思想法并将之转化为视觉图形的语言，它通常是进入正式设计流程的第一阶段。

（3）通过设计速写可以提高设计师设计修养，好的手绘表现作品是作者自身素质的综合表现。

草图速写是设计师必须掌握的重要基本功，它是思考问题、表达设计意图、收集资料的途径和记录手段。草稿速写的目标是培养我们脑、眼、手的协调配合能力，进而在产品的形体勾画、结构分析、质感表现等方面的能力得到有效提高。手绘草图往往也是设计师与客户进行沟通最直观最方便的途径，所以如何从学习之初就把握正确的手绘方法和细节处理技巧是很重要的。

（二）速写基本分类

从设计速写的表现形式上看，草图可划分为单线形式、线面结合形式和淡彩形式。下面通过图3-1感受其各自风格特点。

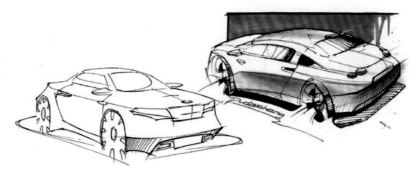

图3-1　单线形式与淡彩形式速写对比

3.2 单线形式速写

　　线条是产品设计速写最为常用的表现要素，因此以线条为主的速写非常流行，并且风格形式多种多样，因为工具不同其往往表达出的线条也各具特色。日常的铅笔、钢笔、碳素笔一般都可用作此类速写的表现工具，可以通过线条的虚实、粗细、深浅及浓淡的变化调节来表达不同形体。以线条为主的产品速写往往需要借助点和面来进行表现，同时可以根据点或排线的方式来活跃画面、塑造物象肌理和衬托物象的立体效果（见图 3-2～图 3-5）。

图 3-3　单线形式室内速写

图 3-2　单线形式风景速写

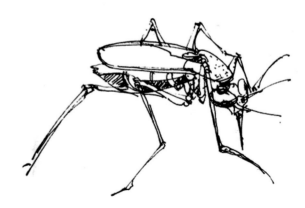

图 3-4　单线形式昆虫速写

● **以线条为主的设计速写表达，应该注意以下几个方面的问题**

（1）用线要连贯，避免断线、碎线过多；
（2）用线要果断利落，下笔不要犹豫不决；
（3）用线要有节奏变化，虚实结合，灵活多变；
（4）转折和形体底部用线要做强化；
（5）轮廓线要活泼，避免过于生硬死板。

● **单线速写应当抓住的要点**

（1）徒手画线能力是掌握速写最根本的基础；
（2）不同的工具可以体现不同的风格特色和不同技巧；
（3）要多练习画曲线，经过反复练习则熟能生巧；
（4）线条的疏密排列能表现层次及远近变化，让画面更加生动；
（5）灵活的构图与光影明暗塑造也是画好速写的关键所在。

● **单线形式速写表达过程**

本部分为单线形式速写表达过程（见图 3-6～图 3-11），读者可以参看第 5 章示范作品的相关步骤。

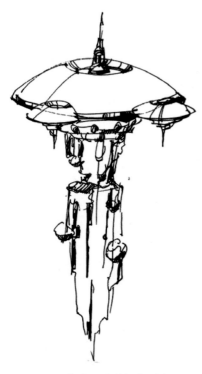

图 3-5　单线形式科幻主题表现

（1）单线勾勒产品的大体轮廓，注意比例构图和透视的准确性；
（2）画出形体中线以作为对称和透视参照，从产品的重点部位开始进行逐步刻画，同时把握住形体的准确性；
（3）为形体添加局部细节并强化形体轮廓及底部线条以使形体立体效果更加突出；
（4）进一步完善和调整局部与整体的关系，刻画出完整的形象；
（5）以排线方式为形体添加阴影可增强其光影立体对比效果。

图 3-6　单线形式速写步骤 1

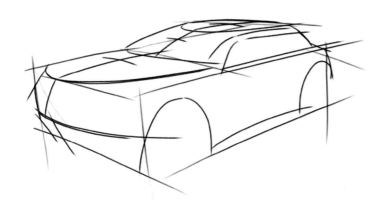

图 3-7　单线形式速写步骤 2

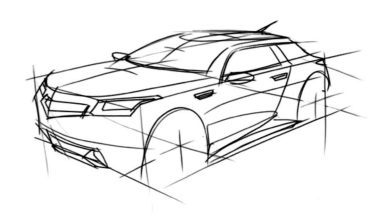

图 3-9　单线形式速写步骤 4

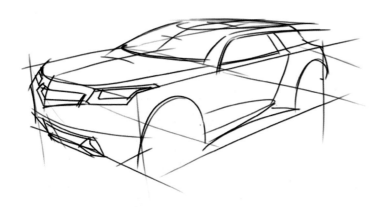

图 3-8　单线形式速写步骤 3

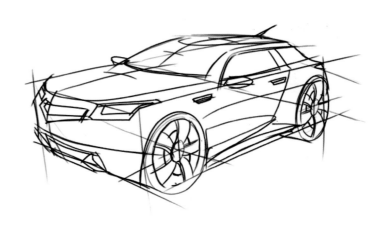

图 3-10　单线形式速写步骤 5

图 3-11　单线形式速写步骤 6

● **线条稿绘制原则**

（1）注意轮廓图形基本构图关系要得当，比例适中，不要太大或太小。

（2）透视合理，结构关系要勾画清楚并且线条要有层次感（深浅对比）。

（3）尽可能使线条流畅，减少断线、碎线。

（4）多用水性笔，少用铅笔以减少反复修改，强调准确画线的能力。

（5）适当强调暗部、主结构轮廓线，局部辅以细截面线衬托体量感。

● **单线速写参考图例**

本部分为单线形式示范例图（见图 3-12 ～图 3-28），读者可以参看第 5 章的部分实例示范步骤做详细了解。

图 3-12　室内单线形式速写

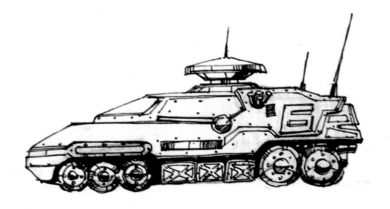

图 3-13　装甲车单线形式速写

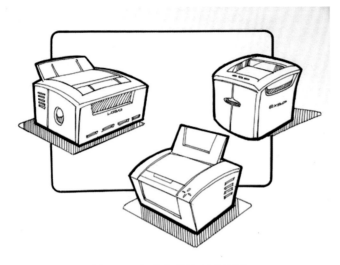

图 3-14　打印机单线形式速写

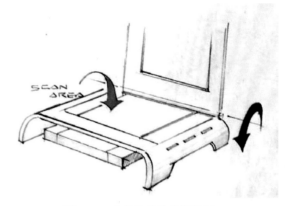

图 3-16　产品的结构分析速写

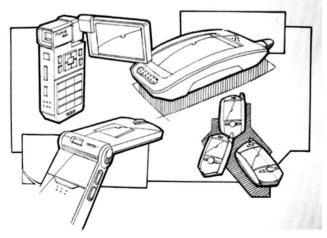

图 3-15　数码产品单线形式草图

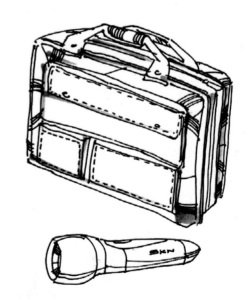

图 3-17　日用品单线形式速写

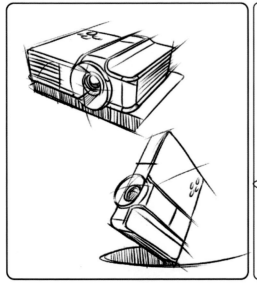

图 3-18　投影仪单线形式速写

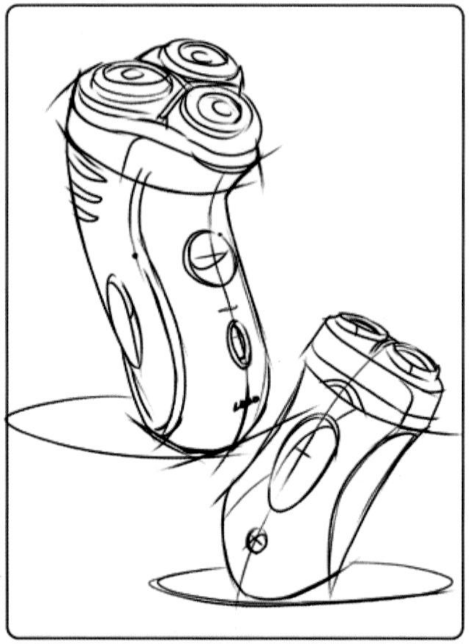

图 3-19　剃须刀产品单线形式速写

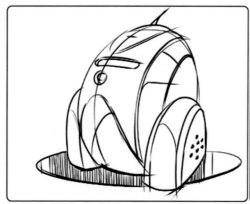

图 3-20　小音响单线形式速写

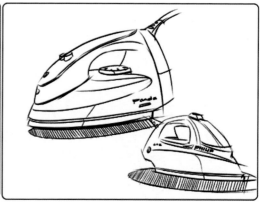

图 3-21　电熨斗单线形式速写

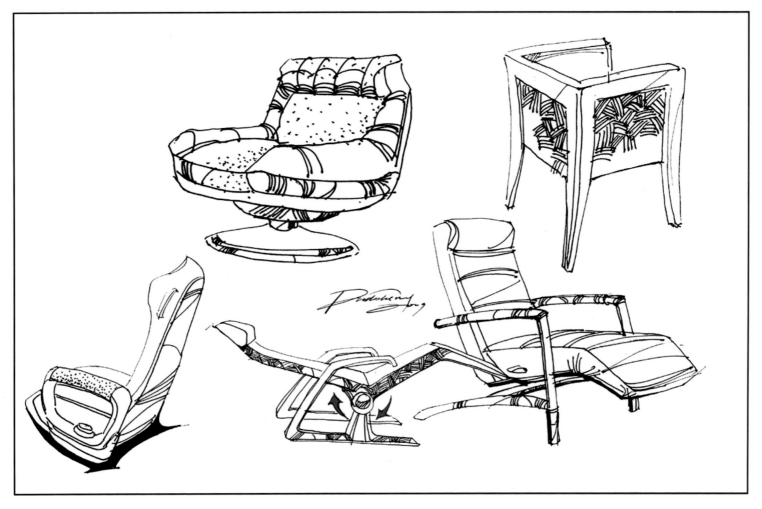

图 3-22　家具类产品单线形式速写

注：家具形态速写的表现需要考虑以线或点的组合排列进行质感和肌理上的塑造。

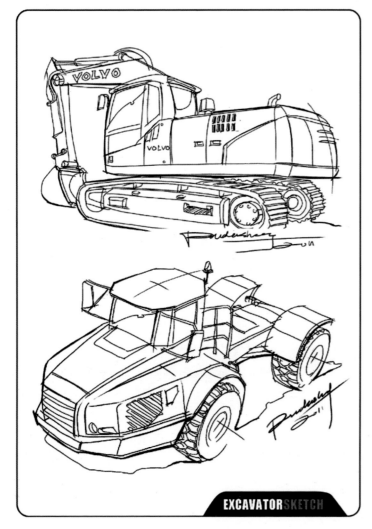

图 3-24　汽车类产品单线形式速写（一）

图 3-23　工程车单线形式速写

图 3-25　汽车类产品单线形式速写（二）

图 3-26 汽车类产品单线形式速写（三）

图 3-28 汽车类产品单线形式速写（五）

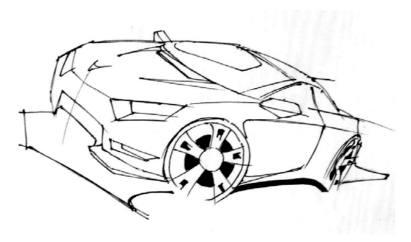

图 3-27 汽车类产品单线形式速写（四）

 课程作业练习

① 选择 10 张单线形式的产品速写作品进行临摹练习，学会用线条来塑造产品的基本形态和立体关系，尽快找到熟练画线的感觉。

② 选择本书第 7 章 5 个产品效果图作为参考，以单线形式来表达照片中的产品影像，注意对线条及立体关系的观察和概括提炼。

③ 作业要求：用 A4 图纸 0.7 水性笔表现，注意体会线条的不同虚实变化。

3.3 明暗形式速写

　　明暗形式速写是以明暗变化作为表现手法的速写，它适宜于表达光线照射下立体物象的形体结构，因其是线条和明暗结合的速写所以又叫线面结合速写。明暗形式速写可以衬托出强烈的明暗对比效果，可以表现较丰富的色调层次变化。在产品设计速写中，明暗形式速写描绘的明暗关系一定要比素描的明暗关系简洁概括，所以此类速写往往只需要其暗面（黑）、明面（白）和灰面（灰）三个构成部分就可以了。在表现明暗形式速写时还要注意抓住明暗交界线，强化明暗对比关系，适当减弱中间层次。

　　在绘制明暗形式速写前务必先应明确光线入射方向，形体表面光影变化层次及投影位置等基本的明暗构成因素。

● **线面结合速写作品**（见图 3-29 ～ 图 3-36）

图 3-30　线面结合的民居速写（二）

图 3-29　线面结合的民居速写（一）

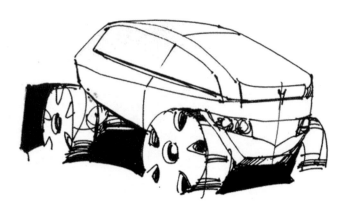

图 3-31　线面结合的概念车造型速写

图 3-32　汽车线面结合速写（一）

图 3-33　汽车线面结合速写（二）

图 3-34　汽车线面结合速写（三）

图 3-35　复印机线面结合速写

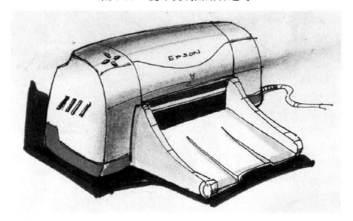

图 3-36　打印机线面结合速写

在以明暗为主的速写中，有两种较常用的明暗关系表现方法（见图3-37）。

（1）用密集的线条排列来表现暗部及阴影区域使物象得到衬托。

（2）利用面的填充使主体物象得到衬托，同时可添加少量概括性的线条或灰部肌理。

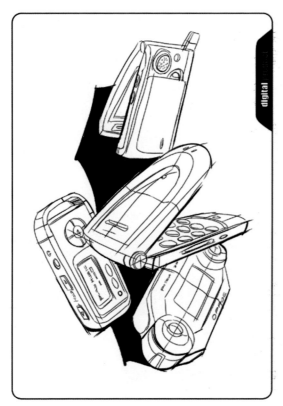

图 3-37　系列手机产品表现草图

● **线条绘制与笔触表现的经验**

通过对大量产品设计草图的分析研究，现总结几类采取不同方式绘制出的各类线条，供大家在具体学习和训练时参考使用。

· 强调线

通常利用粗线勾勒形体的外轮廓和强化局部转折，而使用细的线条来描绘其细节结构，粗细结合变化可以使画面变得和谐而生动。强调线相对醒目和概括，所以一般常用于对形的调整和后期处理中。线条粗细深浅的控制和处理，会使产品形象显现出立体真实感。

· 尺规线

尺规线是借用各种绘图工具（尺规等）画出的线，特点是干净利落，快速精确。这类线常用在绘制相对要求较高的产品平面制图及效果图中，更适合工科院校学生使用。

· 辅助结构线

辅助结构线常被用来表达产品的形体结构变化以及画面的整体布局，它一般用于勾勒形体初稿，需注意此类线要便于调整和修改，不宜画得过重。

· 速度线

速度线使形体看上去更能显现动感快速的特点，它具有超出形体边缘的特点，并且表达上相对更加灵活自由。一般在形体的边缘局部、阴影区都会出现此类线条，它可以使绘图显得更加活泼而专业。

· 直排线

一般用来表现形体的暗部区域和阴影，通过黑白明暗对比能够有效地衬托主体形象。

● 关于手绘速写的建议

速写表现往往是设计师与客户之间进行沟通最直观、最简便的表达途径，因此如何从学习之初就把握住正确的手绘方法及细节处理技巧是极其重要的。一般说来，无论是临摹还是独立绘制，我们都要善于分析和总结其中的规律和技巧并将之牢记于心且经常加以强化练习。

（1）构图上需要注意的问题。构图要尽可能选择能够体现产品整体外观特征的角度，一般选择两点透视且要最大体现设计亮点的视角。合理安排草图各自位置，主次应得当，且要在画面中留有一定的空白空间，不能把画面画得过满，图形之间可以通过连线文字标注等建立相互的关联。

（2）透视及比例上应注意的问题。透视要符合近大远小、近实远虚的基本规律。在具体绘画过程中可作适度夸张但不应使物象失真变形。

（3）采取多视角产品进行表现。为了使客户能更清楚地了解产品的形态和结构，可以选择其中最能体现产品特征的视角展开表现，同时辅以其他不同角度的视图或结构分析图，必要时还

应标注文字描述（见图3-38）。

（4）多画小草图并辅以少量线面、明暗或少量色彩，往往会起到画龙点睛的作用（见图3-39）。

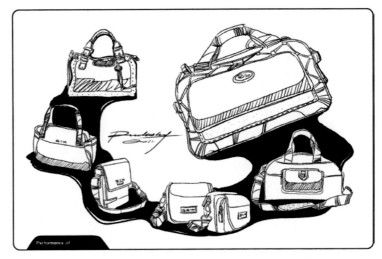

图 3-39　日用品的线面形式速写

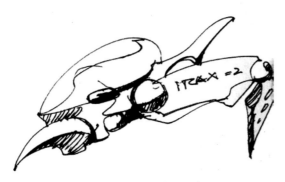

图 3-38　科幻类形体速写表现

课程作业练习

① 选择 7 张线面形式的产品速写作品进行临摹练习，学会用线与面结合的方式来塑造产品的基本形态和立体关系。

② 在单线速写的基础上加入明暗调子，表现产品在光照下的立体明暗关系。

③ 选择 5 张产品照片作为参考，用线面速写形式来表达照片中的产品影像，注意对线条及立体关系的观察和概括提炼。

④ 作业要求：A4 图纸 12 张，注意体会和总结用线面速写形式表达产品的技巧。

3.4 淡彩形式速写

淡彩速写是在线条和基本明暗关系的基础上，以简单概括的色彩来表现和塑造形体，它可以使形体的面貌特征表现得更加充分和生动形象。淡彩速写综合了单线形式速写和明暗形式速写的特点，同时又增加了色彩这一生动的表现手段，所以也是最为常用的速写方法。这种画法通过色彩和线条及明暗的相互配合，可以体现出形体的基本材质特征，表现形式简洁直观，更容易为人所接受，因此也为广大产品设计师所普遍采用。色彩多以透明或半透明颜料来表达，有些类似水彩画的特点。

淡彩速写常用的工具有马克笔、色粉、彩铅及水彩等，在绘制时都会遵循共同的原则，即只用少量的色彩对所要表现的主体部分进行衬托，而不应面面俱到，只对主体部分进行高度的概括和处理，用色要轻而薄，不适合反复涂抹（见图3-40～图3-44）。

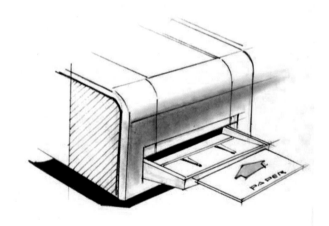

图3-40　淡彩形式产品速写

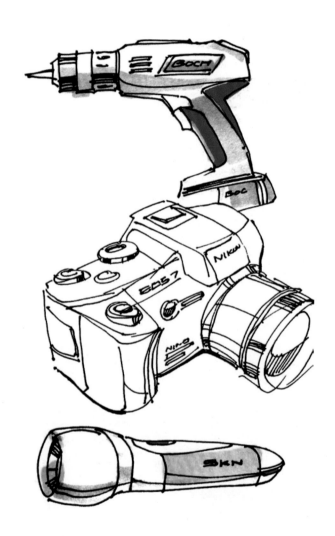

图3-41　淡彩与单线形式产品速写对比

图 3-42　线面表现基础上配合淡彩的产品速写

图 3-44　电热壶淡彩速写

● 画好淡彩速写的基本要求

（1）首先要求初学者把线稿结构画准确，这是一切表现的基本点，只有把产品的基本形态特征绘制准确，才能进行色彩方面的深入刻画，否则容易出现顾此失彼的情况。

（2）上色阶段尽可能概括，不能面面俱到，尤其是不要陷于细节上的表达，淡彩速写的最大特点就是高度的概括提炼。

（3）淡彩速写比较容易掌握的方法是尽可能先用灰色系颜料从浅色到深色来表现形体的立体效果，而作为速写，很多时候应该点到为止，不应该过多深入（经常会有采用平涂和过于花哨的颜色来表现形体的情况，应该注意避免）。

图 3-43　容器类产品淡彩速写

● 淡彩表现基本着色过程

【1】绘制好产品的基本轮廓线形，以排线方式画出地面投影（见图3-45）。

图3-45　步骤一

【2】使用浅灰色从暗部入手开始上色，该步骤主要是使产品明暗层次拉开（见图3-46）。

图3-46　步骤二

【3】使用中灰色快速画出受光亮面的部分线面竖向反影，同时画出液晶屏反光及机身底部的重色调投影（见图3-47）。

图3-47　步骤三

【4】使用少量色粉或者水彩画出上表面的色彩过渡变化，注意颜色不要过多，同时刻画出部分插口的暗部区域以表现其进深感，完成草图的简单着色处理（见图3-48）。

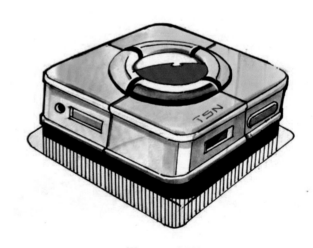

图3-48　步骤四

● 淡彩应用技巧

绘制草图多使用灰色系作产品立体感的衬托，局部可使用视觉对比效果好的对比色，如黑色＋黄色、红色＋黄色、黑色＋绿色、黄色＋蓝色等。其着色原则为一般由产品原色部分入手，逐步由浅入深，再勾勒概括阴影部分，最后勾画亮部及高光区域。

巩固性强化　电动工具示范练习

【1】勾画形体线稿（见图 3-49）。

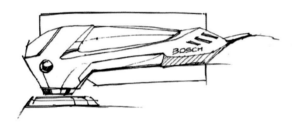

图 3-49　起稿表现

【2】从灰部暗部入手进行明暗立体感的塑造并添加适当固有色（见图 3-50）。

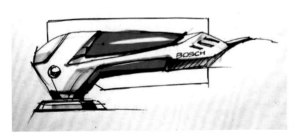

图 3-50　初步用色处理

【3】强化暗部并刻画细节部分，添加可衬托产品的背景（见图 3-51）。

图 3-51　深入刻画

【4】进行局部的细节完善处理后收稿（见图 3-52）。

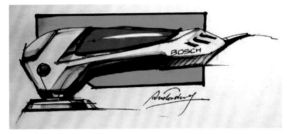

图 3-52　局部调整及完成

 课程作业练习

① 选择 5 张淡彩形式的产品速写作品进行临摹练习，学会用线条与色彩来塑造产品形态和立体感，熟悉色彩上色步骤。

② 选择本书第 7 章 2 张产品照片作为参考，以淡彩形式来表达照片中的产品影像，注意色彩关系的提炼和整理。

③ 作业要求：A4 图纸，淡彩形式不限（马克笔、水彩、色粉或彩铅均可），注意对色彩的概括表现应该简练大气。

● 淡彩形式速写参考图例（见图 3-53 ～ 图 3-58）

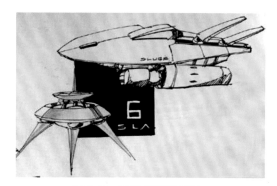

图 3-53　飞行器淡彩表现

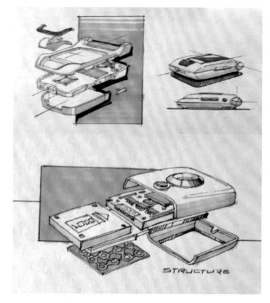

图 3-54　手机爆炸结构图

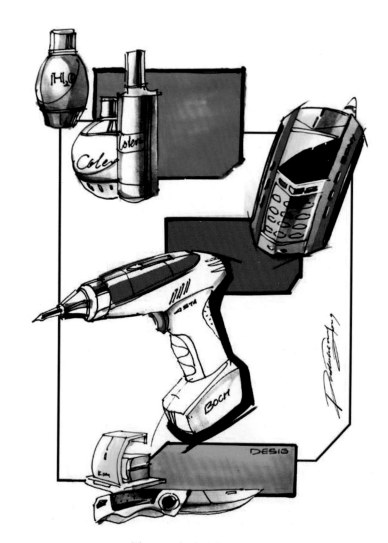

图 3-55　组合式草图表现

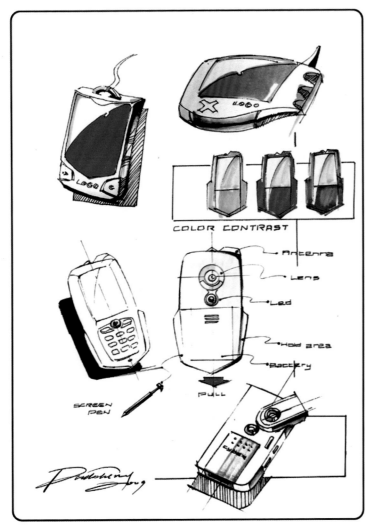

图 3-56　数码产品设计草图

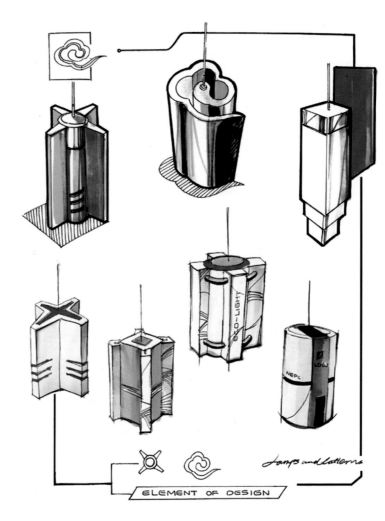

图 3-57　灯具造型设计草图

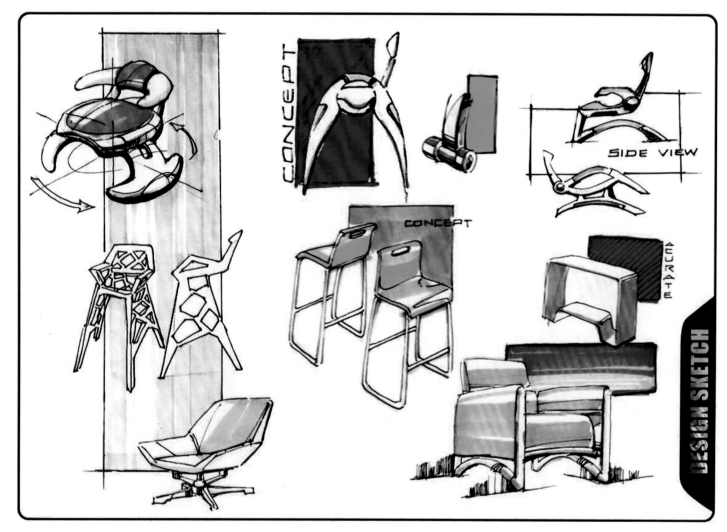

图 3-58 家具类设计草图

● **设计速写的学习方法与经验**

根据多年的教学经验和实际观察，想要学好表现技法，一方面需要勤于多看好的设计图，不光要看其形态的优美，技法上的灵活及整体光鲜的外在，更要用心去思考和总结，多与自己的作品相比较，找出差距和不足。另外，只有配合大量的手绘强化练习，才会带来从量变到质变的能力提升。

很重要的一点需要铭记：手绘能力的改善绝不是通过几次课就能立竿见影的，水平的提高都需要有一个过程，因此耐心和毅力也是学习设计表现中很重要的一种精神素养。

（1）适当进行优秀作品的临摹

只有多去看各种优秀的表现作品才能感受到差距，进而发现自身不足。所以我们应该牢记在临摹过程中不能为了临摹而临摹，而要在这一过程中善于分析和体会他人作品中的精彩之处，特别是在光影关系的概括、色彩的表现以及线条的处理上多作总结，并将这些经验和技法尽快融入到自己的作品表现当中。

（2）进行默写训练

默写训练可以提高我们对形态的观察和记忆能力，更可以充分调动我们平时所积累的画线、用色等方面的技巧，有助于对速写表现的归纳和取舍能力。平时要求学生进行默写训练也能增强其快题作业和应试的表达能力，可以满足设计人才的培养要求。

（3）画面处理技巧

在平时训练中还要注重画面的形式美感的处理，如画面的版面布局、整体氛围及用色；也需要注意产品的美感形式，线条的曲直，线与线、面与面的交接、转折关系处理，产品背景衬托氛

围的营造等。在训练的临摹及独立创作阶段应该有意识地选择一些形式感好、美感强、有设计风格的作品来练习和参考，多运用审美的眼光来分析这些优秀作品是如何通过点、线、面，形、色、质来表达的。

从学习手绘表达的过程来看，越来越多的事例表明，选择合适的学习方式从基础的形体描绘入手更适合初学者，特别比较容易唤起兴趣和创作的冲动，往往很多毫无艺术基础和天分的人都会自发地去刻苦钻研最后甚至超越有艺术基础的那类人。正所谓梅花香自苦寒来，只要坚定信念勤学多练，最后必能融会贯通产生质变，进而成为行业中的佼佼者。

 课程作业练习

临摹训练

① 挑选 2 张左右不同表现风格的作品进行临摹，在临摹过程中体会、理解和熟练运用此类工具材料的方法和技巧。

② 自选主题进行表现创作，注意产品整体明暗关系的处理和色彩运用上的表达。

③ 作业要求：A3 图纸 2 张，产品的整体概括和细节表现要尽可能体现独有的风格。

默写练习

根据教学进展情况，准备合适的产品表现题材图片资料，使用投影方式进行放映，要求按每幅 10~15 分钟的时间先进行快速摹写，之后选择 3~5 幅图片进行记忆默写的表现训练。

第4章　产品效果图表现流程

专业表现技法是工业设计专业学生必须熟练掌握和运用的技能之一。从方案的初步构思形成到形体的表达描述直至效果图的展示阶段都要求我们使用不同的表达语言来与读者进行沟通和交流，因此就需要灵活掌握不同类型的绘图技巧。产品效果图的表现方法有很多种，每一个人都可以根据自己的理解和熟悉程度来进行专项训练，一般经过一个阶段的强化练习都能形成自己独有的表现风格。建议初学者最好掌握两种以上的技法，一种是可以快速表现不拘细节的形式，用于时间要求紧迫的题目；另外一种则是精细度较高、比较写实的表现形式，用于展示效果较苛刻的项目。这样就可以灵活应对不同的任务要求。

4.1　马克笔单色表现基础训练

本书第2章已经介绍过马克笔工具，马克笔由于其色彩丰富、使用简便、作画快捷、表现力强，因此在近些年来成了设计师最常用的表现工具。在使用马克笔绘图时，应该多了解和试验笔和纸之间的特性，通过练习累积经验才能运用得得心应手，挥洒自如。

为了使读者更加容易地掌握马克笔表现的规律和技巧，我们一般都采取从单色到多色的循序渐进的训练方法。

● 产品单色表现过程

下面通过一个题目练习来体会产品单色上色的技巧。

【1】在纸上勾勒出形体的基本线稿（见图4-1）。

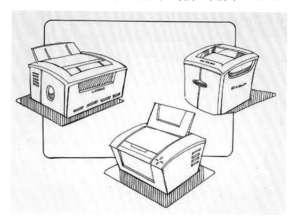

图4-1　复印机单线草图

【2】对形体边缘轮廓进行强化以增强其视觉对比效果（见图4-2）。

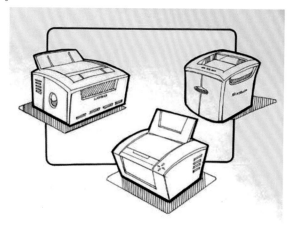

图4-2　强化草图轮廓线

【3】使用浅灰色马克笔从形体暗部开始上第一遍色，注意不要涂死，要适当留白（见图 4-3）。

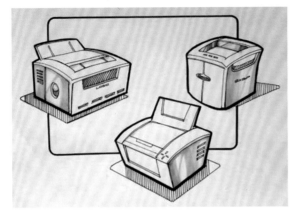

图 4-3　用浅灰色绘制第一遍色

【4】选择深灰色马克笔在形体暗部及转折部加重以突出其立体感（见图 4-4）。

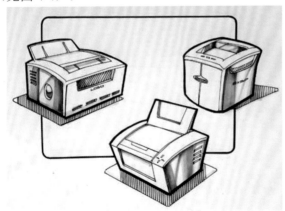

图 4-4　逐步加重灰色区域

【5】继续使用深色马克笔刻画形体并画出台面投影（见图 4-5）。

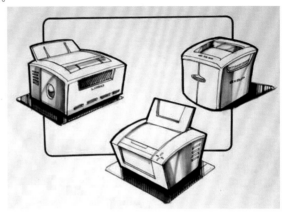

图 4-5　用深灰色深入刻画转折面及底部投影

【6】添加部分细节明暗处理，对整体做调整后完成草图（见图 4-6）。

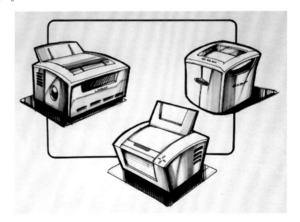

图 4-6　用适当的灰色对产品细节做调整

想要快速学会和掌握马克笔表现，关键就是要先画好产品的基本线稿，同时还要在动手上色之前明确基本的立体光影关系，在上色过程中多用同色系做过渡衔接。注意，在运笔过程中，用笔的次数不宜过多，而且要尽可能准确、快速，最好一气呵成，切忌反复涂改，否则笔触会因渗出而留下过多的渗透痕迹，影响画面的整洁性。

用马克笔进行表现时，首先要明确基本的明暗关系，然后再动笔刻画，哪些地方留白处理，哪些地方应该加重，这是在绘图中应当始终牢记和不断调整的规律，线条的方向变化和疏密配合也对立体形象的塑造有着重要影响。

马克笔的覆盖性较弱，所以在绘制效果图的过程中，一般遵循从浅色区域开始逐步向较深区域过渡的画法，还要注意笔触之间的相互衔接要自然。单纯使用马克笔来表现形体难免会出现不好表达的部分（比如曲面过渡等），所以一般都会和色粉或彩铅等工具结合使用。下面的示意图就说明了单线稿和上色稿之间的对比关系（见图4-7和图4-8）。

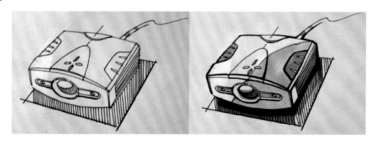

图4-7　单线稿　　　　图4-8　灰色系上色稿

 课程作业练习

① 选择5张灰色系马克笔表现的优秀作品进行临摹练习，逐渐熟悉和掌握马克笔的性能和使用方法。

② 选择常见的工业产品图片作为参考，用灰色系马克笔表现产品的明暗过渡关系，塑造出产品的立体感和空间感。

③ 作业要求：使用A4图纸，注意笔触之间的衔接过渡技巧和光影关系的塑造。

4.2　马克笔多色表现训练

【1】先用水性签字笔勾勒物象基本形态线稿，要注意虚实结合。再用深褐色马克笔把形体重点的转折及底部进行强化，衬托其基本形体（见图4-9）。

图4-9　勾画线稿

【2】使用宽头褐色马克笔表现车身底部，并用重色马克笔加深底部及轮毂内部（见图4-10）。

图4-10　使用褐色描画车身底部

【3】换用浅黄色马克笔表现车身部分，注意用笔应该果断概括，并考虑光影关系，不可犹豫和反复涂改（一般一个区域只适合涂色 2~3 次，见图 4-11）。

图 4-11　用浅黄色快速勾画车身色彩

【4】用橘红色马克笔刻画前后车灯，注意预留出少量高光，光影关系应该合理。选择深黄色为车身突起部分上第二遍色，由固有色区域向亮部过渡，注意应选择过渡自然的同色系马克笔，并让笔触衔接层次自然（见图 4-12）。

图 4-12　刻画车身细节并注意整体感

【5】用灰色马克笔刻画车窗部分，同样预留出其反光区域（见图 4-13）。

图 4-13　用灰色绘制车窗基本明暗关系

【6】使用黑色马克笔为车窗添加深色暗影区域以加强明暗对比的效果。用灰色刻画出轮辋内的凹陷效果。为衬托车的整体，用绿色系马克笔为其添加背景，但需注意背景要有层次变化（见图 4-14）。

图 4-14　加深车窗暗部区域并添加色彩衬托

【7】继续加深轮辋内的深灰色局部，同时添加螺孔等局部细节，还要加强车身反光线条色彩（见图4-15）。

图4-15　增加轮辋内部立体效果

【8】进一步优化和调整画面效果，最终完成概念车的色彩表现草图（见图4-16）。

图4-16　调整车体局部细节完成效果草图

4.3　产品组合设计方案上色过程

【1】使用水性笔勾画出组合产品草图，注意版面空间的美观协调性，强化草图的外轮廓线以突出线条的画面对比效果（见图4-17）。

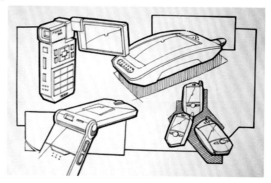

图4-17　描画产品组合线稿图并强化边缘

【2】使用浅灰色马克笔从暗部开始上第一遍色，表现基本光影明暗关系（见图4-18）。

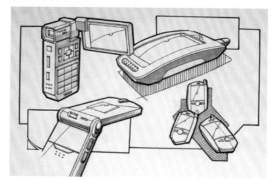

图4-18　用浅灰色刻画各个产品转折面

【3】使用中灰及深灰色马克笔继续强调暗部，用浅灰色开始向亮部过渡（见图4-19）。

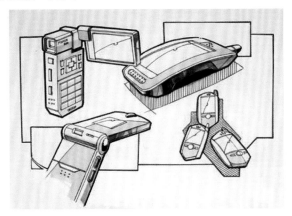

图4-19　使用深色马克笔加重产品局部色彩

【4】用蓝色、橘色等马克笔画出屏幕镜面反光效果及机壳局部色彩（见图4-20）。

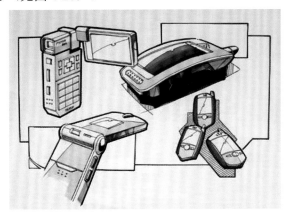

图4-20　为形体添加较亮色彩

【5】使用重色调马克笔画出屏幕反光及机身暗影区（见图4-21）。

图4-21　运用不同色彩刻画形体反光区域

【6】使用少量色粉表现镜面反光效果，为其他形体添加衬托背景，基本完成草图绘制（见图4-22）。

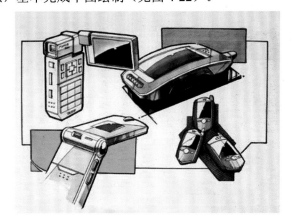

图4-22　为各个形体增加背景衬托并做局部调整

4.4　马克笔表现手机产品草图步骤示范

【1】用水性笔勾画好产品基本轮廓线稿，确定其基本光照关系，可使用排线表现阴影面（见图4-23）。

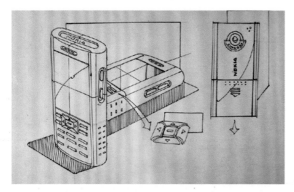

图4-23　描画手机基本轮廓线稿

【2】使用 CG2 浅灰色马克笔从背光面开始表现机身，拉开明暗对比层次，初步表现出每个部件的背光的暗影区（见图4-24）。

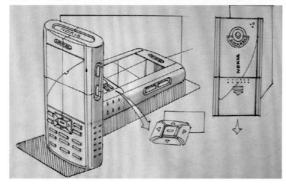

图4-24　用浅灰色勾画形体基本明暗关系

【3】使用 CG3 中灰色马克笔抓住明暗交界线部位，加深色彩对比效果，并使形体色彩衔接自然顺畅，同样加深凹陷部分零件的暗影区域（见图4-25）。

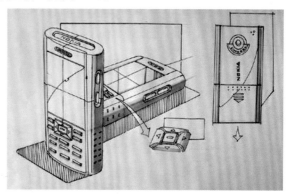

图4-25　加深灰色区域对比关系

【4】结合使用深灰色和黑色马克笔强化机身底部暗影轮廓，并使用 0.7 水性笔描画机身轮廓线以突出形体（见图4-26）。

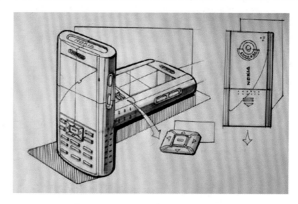

图4-26　加重机身边缘线及底部

【5】使用 BG2 浅灰色马克笔在机身逆向受光面一侧预留出高光区后由浅及深刻画机身光影立体效果（见图 4-27）。

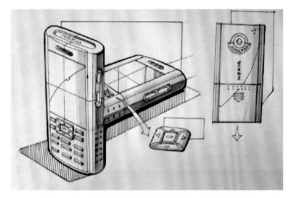

图 4-27 用灰色刻画机身的光影衔接关系

【6】配合使用深灰色及黑色马克笔，强化投影局部区域，增强其明暗对比关系（见图 4-28）。

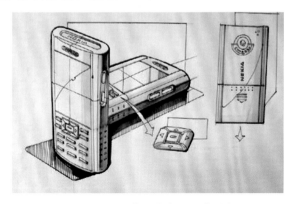

图 4-28 用重色强化产品明暗对比

【7】为了使产品图产生更好的视觉效果，使用橘红色马克笔表现屏幕反光区域及按键符号（见图 4-29）。

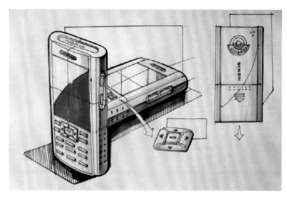

图 4-29 刻画屏幕镜面反光效果

【8】继续在部分零件表面添加橘色及淡黄色反光效果（见图 4-30）。

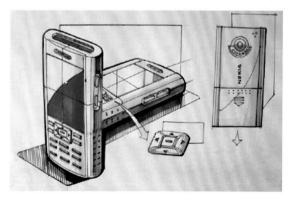

图 4-30 丰富机身其他部件色彩

【9】配合使用深棕色和橘色马克笔加重屏幕背光区，同时刻画出另外一部手机的屏幕表面反光效果（见图4-31）。

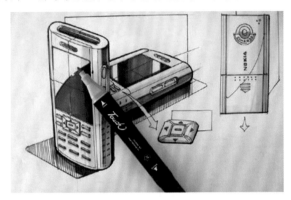

图 4-31　加重屏幕局部色彩，使其过渡更加自然

【10】为了更好地衬托产品，此处使用纯色马克笔为其添加背景色（见图4-32）。

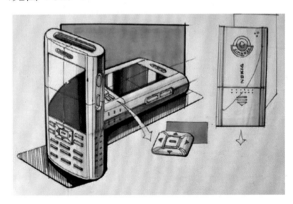

图 4-32　为产品添加衬托背景色彩

【11】添加产品设计的文字说明并勾勒规整的版面轮廓线，使方案表现得更加整体和谐，最后完成快速表达的版面提案（见图4-33）。

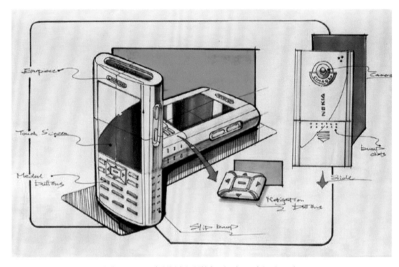

图 4-33　为设计图增加文字及版面元素

● 马克笔快速表现参考作品（见图 4-34 ～图 4-43）

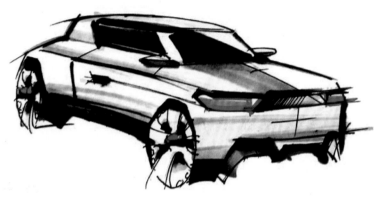

图 4-34　汽车造型的马克笔快速表现（一）

图 4-36　马克笔表现的汽车产品

图 4-35　汽车造型的马克笔快速表现（二）

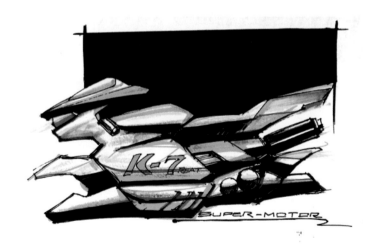

图 4-37　摩托车机身部分马克笔概括表现

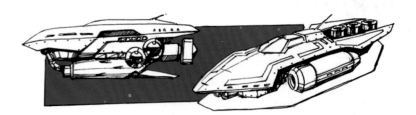

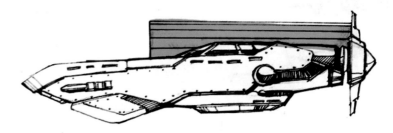

图 4-39　马克笔表现的科幻造型题材

图 4-38　不同角度汽车形态的色彩概括表达

图 4-40　马克笔表现的汽车构思草图

图 4-41　马克笔表现——学生作品

图 4-43　国内设计师马克笔快速表现作品

图 4-42　家具类马克笔色彩提炼处理

 课程作业练习

① 挑选优秀的马克笔表现作品进行临摹练习，熟悉和灵活运用不同色系马克笔组合表达产品的立体感和体量感。

② 选择常见的工业产品图片作为参考，组合不同色系马克笔表现产品。

③ 作业要求：使用 A4 图纸，注意笔触之间的色彩对比、过渡衔接技巧和光影关系的塑造。

4.5 马克笔 + 色粉 —— 汽车表现示范

本节主要介绍使用马克笔结合色粉快速绘制产品效果图的方法，这种表现方式目前依然是设计类院校所讲授的传统表现方法之一。尽管随着计算机技术的快速发展和普及，越来越多的领域都使用了计算机辅助设计，但这并不意味着传统手绘会被抛弃，相反诸多设计公司依然把手绘能力作为选拔人才的基本要求之一，而且在很多高等设计学府中仍旧把设计表现技能作为主修课程来讲授。可见手绘能力不但是设计师必须掌握的基础本领，也是进行计算机辅助绘图的先决条件。下面就以汽车为题材给大家详细介绍绘制技法。

这种形式一般选择有一定厚度和韧性的铜版纸来表现，它不但对色粉及马克笔材料吸附性比较好，而且还可以做胶纸遮挡和适当水粉处理。

【1】使用 0.5 结合 0.7 的水性笔绘制汽车的单色线稿，注意在重点转折部分用线做强化以突出形体（见图 4-44）。

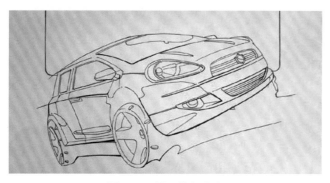

图 4-44 描画单色线稿

【2】从背景绘制展开，先用低黏度胶纸对背景外的区域进行遮挡，注意不要用力按压胶带以免揭掉胶纸时破坏纸面（见图 4-45）。

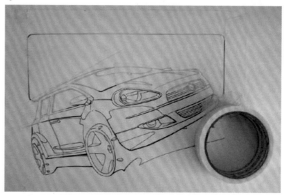

图 4-45 画面遮挡处理

【3】用较锋利的刀片小心将多余的胶纸划掉，注意不要过于用力（见图 4-46 和图 4-47）。

图 4-46 小心划掉多余胶纸

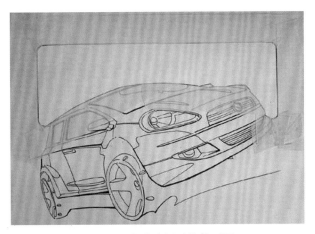

图 4-47　去除胶纸后的待画图

【4】选择几种用于勾画背景的水粉色和尼龙画笔，此处为了烘托对比效果选择了冷色和暖色组合色彩（见图 4-48）。

图 4-48　选择的水粉色和画笔工具

【5】从画面露出的空白背景一侧进行勾画，先用较深的冷色，这一阶段需要借助槽尺工具，下笔要坚决果断，避免反复涂抹（见图 4-49 和图 4-50）。

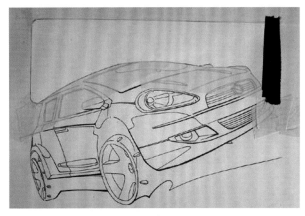

图 4-49　涂画衬托的背景

图 4-50　逐步展开背景色的刻画

【6】背景画好后把胶纸揭去，用 0.7 水性笔对部分边缘轮廓进行修正描边（见图 4-51）。

图 4-51　背景处理完成

【7】接下来选择一种灰色马克笔给车体建立光影立体效果，一般先从暗部与亮部对比区域入手刻画，注意一定要留出合适的受光部位，马克笔线条方向要尽可能符合产品的造型动势走向（见图 4-52）。

图 4-52　使用灰色划分明暗

【8】选择更深的灰色马克笔，在第一遍的浅色基础上继续对形体暗部（轮辋内部、进气口格栅、车灯局部等）进行刻画，以营造立体效果（见图 4-53）。

图 4-53　暗部表达增加对比效果

【9】根据受光原理，使用深灰色马克笔，绘制出车窗上的暗影区域，应使其表现出高度反光的对比效果（见图 4-54）。

图 4-54　车窗暗部处理

【10】使用中灰色马克笔对车身局部进行深入塑造,增强形体的对比(见图 4-55 和图 4-56)。

【11】使用纯黑色马克笔在车身腰线、车窗暗影区及轮辋内部进行处理(见图 4-57 和图 4-58)。

图 4-55　深入刻画衔接部位

图 4-57　用黑色加重明暗对比区域

图 4-56　处理后的画面效果

图 4-58　初步处理后的汽车表现效果

【12】展开车身的效果处理。这一阶段要使用色粉，所以应先对画好的背景及车灯、轮毂及较亮部位进行遮盖，以免弄脏画面（见图4-59和图4-60）。

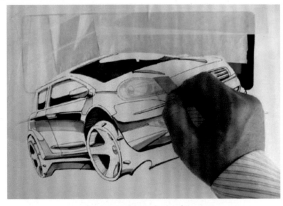

图 4-59　涂色粉前的遮挡处理

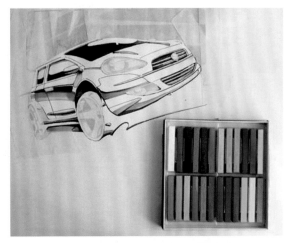

图 4-60　色粉处理前的画面准备

【13】此处使用深蓝色、紫色及天蓝色3种色粉作为车身的主体色彩（见图4-61）。

图 4-61　选择的色粉材料

【14】用刀片将色粉刮下并分布在车头、引擎盖及车门侧面等部位，注意是3种色粉结合，色粉浓度变化要依据光影关系展开，不要过于均匀（见图4-62）。

图 4-62　色粉的混合分布处理

【15】使用 5~6 号尼龙笔，从车头部位开始对色粉进行处理，这样要比使用纸巾处理更容易控制和掌握（见图 4-63）。

图 4-63　用尼龙笔处理色粉

【16】色粉处理后的效果（见图 4-64）。

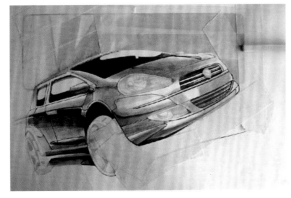

图 4-64　经过色粉初步处理后的效果

【17】选择一种柠檬黄色色粉，将粉末撒在车窗玻璃及车头前部的反光区域，注意不要过量，然后用尼龙笔做处理（见图 4-65）。

图 4-65　光洁车身的表面处理效果

【18】使用专用定画液对色粉进行固定，以免其在后续作画过程中脱落和变脏（见图 4-66）。

图 4-66　喷定画液

【19】揭去遮挡胶纸，使用灰色系马克笔对车灯及轮毂等部位进行逐步完善和衔接（见图4-67和图4-68）。

图4-67　刻画车身细节部位

图4-68　处理后的画面效果

【20】使用橘红色马克笔对前后车灯进行概括处理，注意点到为止，不可过多涂画（见图4-69）。

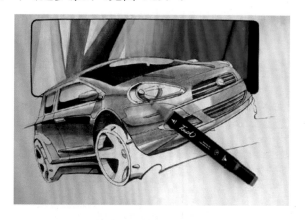

图4-69　用马克笔对车灯进行塑造

【21】用浅黄色马克笔及浅灰色马克笔继续完善前车灯内部，注意要预留出车灯内较亮的反光区域（见图4-70）。

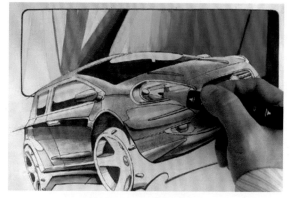

图4-70　车灯内部处理

【22】在车轮辋部位上侧撒少量蓝色和紫色混合的色粉（见图 4-71）。

图 4-71　轮毂色粉处理

【23】用尼龙笔处理后的效果（见图 4-72）。

图 4-72　刻画处理之后的效果

【24】使用黑色马克笔对车轮暗部及车身底部阴影区进行概括和调整处理（见图 4-73）。

图 4-73　车身暗部投影处理

【25】使用小号描笔蘸取少量白色水粉勾画车身上的高光亮点及亮线（见图 4-74）。

图 4-74　车身高光亮线处理

【26】经过细节刻画和调整后，最终完成的汽车效果图（见图4-75）。

图 4-75　最终汽车效果图

4.6 马克笔 + 色粉 —— 音响表现示范

目前，使用马克笔结合色粉来表现产品的方法已经广为产品设计师所青睐，容易上手、形象生动、可深入刻画细节是它的最大特点。本节将对这一技巧进行强化练习，选择音响类小产品作为设计表现的主题。

【1】用0.7水性笔绘制出产品造型方案及背景框的单色线稿，注意在底部和重点转折部分用线强化以突出其形体（见图4-76）。

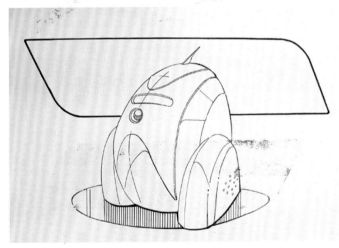

图 4-76　绘制产品线稿

【2】用低黏度胶纸将背景框以外的区域封好，注意不要用力过度以免在揭掉胶纸时破坏纸面（见图4-77）。

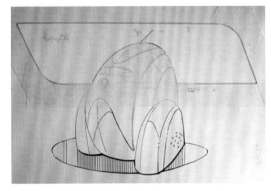

图 4-77　绘制背景前的画面处理

【3】使用刀片小心地将多余的胶纸划掉，不要破坏纸面（见图4-78）。

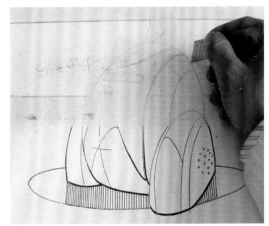

图 4-78　除去多余的胶纸

【4】挑选几种水粉色，使用大号尼龙笔快速画出富有动感的背景（见图4-79）。

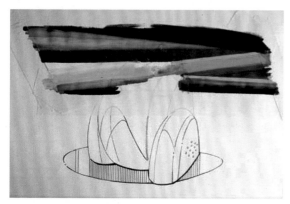

图4-79　快速勾画背景

【5】小心地将胶纸揭掉，可得到如图4-80所示的效果。注意有时需要用黑色笔将不规则边缘做描边处理。

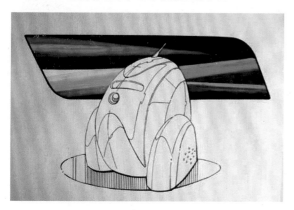

图4-80　完成色彩衬托背景的绘制

【6】选择浅灰色马克笔从暗部开始，为产品涂第一遍色，拉开明暗层次关系（见图4-81）。

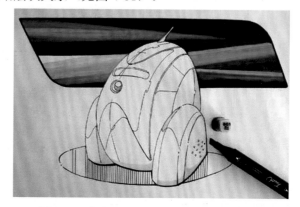

图4-81　使用浅灰色勾画机身色彩基本层次

【7】从产品的明暗对比反差较大的位置入手，使用蓝灰色进行暗部概括（见图4-82）。

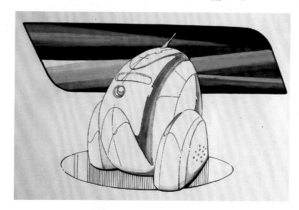

图4-82　开始从暗部入手刻画形体

【8】用深灰色马克笔按光影关系画出屏幕反光效果及机身底部和壳体边缝（见图4-83）。

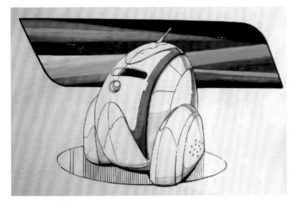

图 4-83　刻画形体转折区域

【9】在上色粉前照例需要用胶纸将不画的区域进行遮挡。选择冷色中的蓝色和紫色等色粉进行局部铺垫处理，一定要注意受光条件，将亮部做留白处理（见图4-84和图4-85）。

图 4-84　选择的色粉处理工具

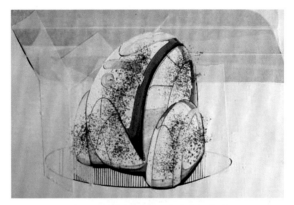

图 4-85　根据光影关系分布的色粉

【10】使用中号尼龙笔进行涂色处理，这样可以使色彩过渡更加柔和准确，应避免使用面巾纸涂色时出现的脏、灰等不易把握的弊端（见图4-86）。

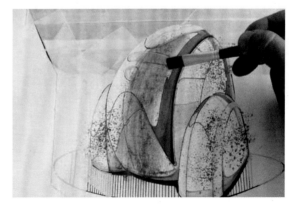

图 4-86　用尼龙笔对机身色粉做处理

【11】经过色粉处理后的机身效果（见图4-87）。

图4-87　处理后的效果

【12】揭掉遮挡胶纸后的效果（见图4-88）。

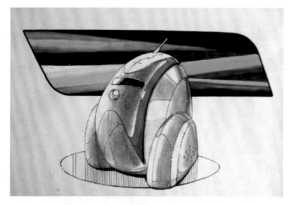

图4-88　产品机身和背景初步处理完成

【13】如果出现局部色彩表现力不足的情况，可以继续添加色粉处理直至达到理想的效果，同时为了防止掉色可以给画面喷定画液（见图4-89）。

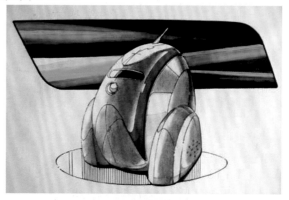

图4-89　使用色粉加深色彩对比并喷涂定画液

【14】使用橘色和黄色马克笔绘制出指示灯的反光效果（见图4-90）。

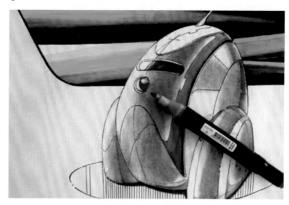

图4-90　勾画机体部件

【15】使用浅紫色马克笔强化机身反光线条，使色彩衔接和对比更加自然（见图 4-91）。

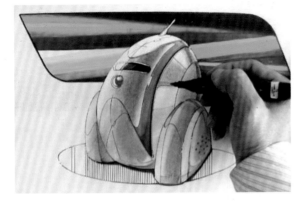

图 4-91　强化机身部分对比色

【16】使用深灰色马克笔画出衬托音响机身的镜面反影（见图 4-92）。

图 4-92　刻画地面投影

【17】使用深灰色马克笔加深机身部件之间的深浅对比效果（见图 4-93）。

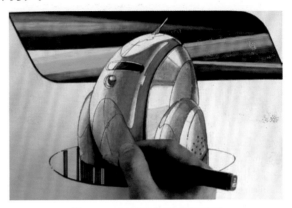

图 4-93　加重形体的暗部区域

【18】在机身顶部区域撒少量黄色色粉（见图 4-94）。

图 4-94　机体顶部部件的色粉处理

【19】配合中黄色马克笔画出其反光效果（见图4-95）。

图4-95　处理后的效果

【20】使用小号描笔蘸取白色水粉为音响机身刻画高光亮点及亮线（见图4-96）。

图4-96　为机身增加高光亮点和亮线

【21】经过局部的适当调整，最后完成音响整体效果（见图4-97）。

图4-97　最后完成的音响效果图

课程作业练习

① 选择一款家用电子产品，如电熨斗、电话机、微波炉等，用马克笔结合色粉的形式来进行表现，熟悉和进一步掌握相关的表现技巧。

② 独立思考设计一种日用生活小产品，选择确定的方案，绘制其效果表现图。

③ 作业要求：A3图纸，马克笔与色粉结合，注意把握整体效果处理与细节表现。

● 马克笔结合色粉表现参考作品（见图 4-98 ～图 4-115）

图 4-98　汽车造型的色彩提炼处理

图 4-100　汽车造型的色彩概括表现

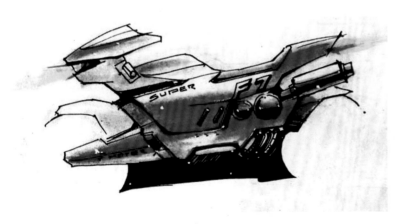

图 4-99　摩托车形体的塑造和色彩处理

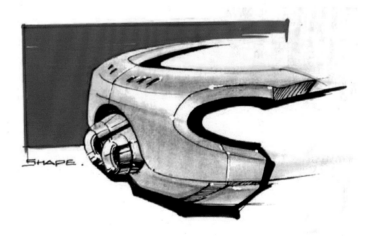

图 4-101　概念化产品的构思表现

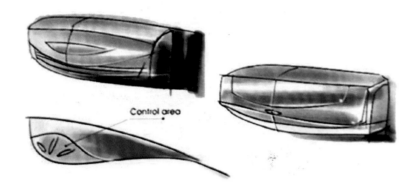

图 4-102　空调类产品的形态表达

图 4-104　汽车造型快速表现

图 4-103　汽车的色粉处理效果

图 4-105　汽车色粉快速表现

图 4-106　风景类主题的色粉表现效果

图 4-108　汽车形体的色粉概括和表现

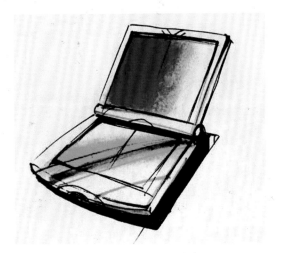

图 4-107　笔记本的快速上色处理

图 4-109　汽车色粉处理效果表现

图 4-110　汽车类产品色彩的概括处理（一）

图 4-112　汽车类产品色彩的概括处理（三）

图 4-111　汽车类产品色彩的概括处理（二）

图 4-113　卡车类产品色彩的概括处理

图 4-114　不同角度的汽车形态——色彩的表现效果

图 4-115　不同表现形式草图的版面编排

4.7 彩铅表现技法训练

在具体的产品设计过程中，设计师有着不同类型的创意表达形式，但从整体上看几乎每种形式的初始阶段都是将头脑中闪现的灵感以最基本的图示语言表现出来，即便在当下机算机应用与表现技术已经基本普及的情况下也不例外。因为只有先将基本创想勾勒出基本形象，展开深入的交流与沟通后才会进入到具体产品图的完善或进行模型加工程序。有经验的设计师都知道只有把可能预见的各种问题尽可能用图示表达清楚后才能在后续阶段减少不应有的错误，以节约时间和人力资本。可见手绘能力是从事产品设计职业的重要一环。

彩铅也是设计师经常使用的进行快速描绘形体的一种表现形式，它上色方便，有和铅笔一样的色阶浓淡变化，因为色彩不是很鲜亮，所以适合表现产品构思类型的草图。一般都会将彩铅与马克笔结合在一起使用。绘制草图常用的单色形式以蓝色、暗红色、灰黑色居多（见图4-116）。

图 4-116　彩铅表现工具

使用彩铅绘制效果图应先分析好产品的光影明暗层次变化关系，通常是从暗部向固有色再到亮部的上色流程，最好将受光较强的部位留白处理。上色的步骤与素描类型的过程接近，一般是由浅及深，涂色多以排线形式为主，对描绘的形体色彩一定要概括和提炼，尽量避免采取平涂式的上色方式，同时注意在上色处理时彩铅的颜色也不要混合过多，以防止出现色彩花哨或发灰、变脏、沉闷的现象（见图4-117～图4-123）。

图 4-117　彩铅表现的交通工具快速草图

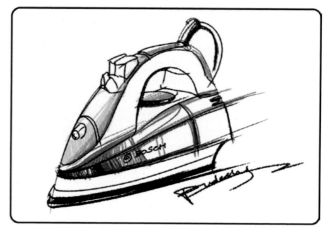

图 4-118　小家电产品彩铅快速表现

图 4-119　手机表现——彩铅结合马克笔绘制

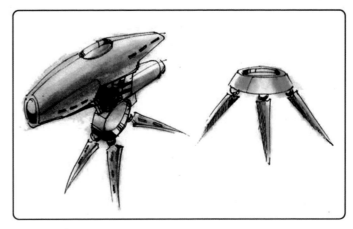

图 4-120　科幻类形体的彩铅表现

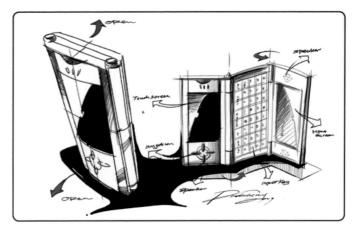

图 4-121　折叠式手机彩铅表现

由于目前表现工具的种类多样，产品表现图便也多种多样。值得注意的是，初学者往往容易急于求成，一味去盲目模仿，各种风格技法都想学最后反而失去了自己应有的特色。在此建议，初学阶段一定忌贪多，应从自身能力和基础出发选择合适的形式和手法并将其练精练透，自然会形成自己的风格。

图4-122　汽车产品彩铅快速表现

图4-123　日用背包的快速色彩表现

课程作业练习

① 挑选3幅不同表现风格的作品进行临摹，在临摹过程中体会和逐步熟练运用彩铅工具材料的表现方法和技巧。

② 自选主题进行表现创作1张，注意产品整体的明暗关系处理和色彩运用上的表达；

③ 作业要求：A3图纸3张，注意产品的整体概括和细节表现要尽可能体现独有的风格。

http://www.wacom.com.cn/ WACOM 中国公司
http://www.hanwang.com.cn/ 汉王公司

第5章　数位板表现技术

5.1　数位板技术介绍

计算机辅助设计已经成为设计人员必须熟练掌握的基本技能之一，不仅因为它表达快速、效果写实亮丽而且便于调整，更因为它适合于设计中的交流和展示。所以作为新一代设计师，学习和掌握一种计算机辅助绘图技术已经成为一种硬性的人才要求。在工业设计领域，一般对设计者的计算机能力要求主要包括三维软件建模能力、绘制专业工程图能力及至少一种的平面设计类软件应用能力，伴随着软件硬件技术的革新发展，手绘表现的技术也逐渐和计算机结合在一起，演绎出更加丰富自由的创意表现形式和日益完美化的表现结果。目前很多设计公司、院校及个人设计师都已经购置了数位板以提高自身的表现技术水准，与传统的纯手绘表现相比，数字绘画已经体现出极大的优势和高效特点，特别是数位触屏技术的出现已经可以让设计师更加自由地在计算机上施展自身的设计表现技能（见图 5-1～图 5-7）。诸多设计绘画领域，如数字绘画、插画、环境设计、产品设计、多媒体视觉、动画等都已经借助数位技术表现来提高创作水平和效率，也实实在在地缓解了设计师们的体力和脑力劳动强度，由此可见，数位表现技术在设计领域的应用已经逐渐普及。

图 5-1　影拓数位绘图板

首先来了解数位板产品的基本参数、使用方法和表现效果。在市场中主要有 WACOM（影拓系列）、汉王（创艺大师）、友基等知名品牌。其中 WACOM 以相对出色的精确性和技术更新更快占据着市场的很大份额，但因为其价格较高往往是设计公司和教育培训机构及一些经济条件较好的个人购买。对于普通学员来说，汉王数位板具有较好的性价比，一方面汉王公司也在积极推出新品，日渐缩短了和知名品牌产品技术上的差距，另一方面价格上的优势会吸引更多的消费者。读者可从官方网站获得更多数位板产品相关资讯。

图 5-2　设计师使用绘图板进行设计

图 5-3　影拓系列不同型号产品

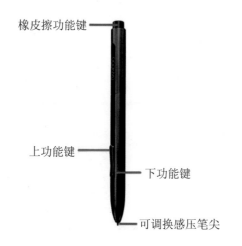

橡皮擦功能键

上功能键

下功能键

可调换感压笔尖

图 5-4　数位笔的基本功能

高达2048级别的压感

图 5-5　握笔姿势

独创的左右手使用模式

图 5-6　使用数位板的基本状态

5.2 Painter 软件概要

最常用的结合数位板技术的软件是 Photoshop 和 Painter，而其中以后者的效果更加接近于手绘风格。在该软件中具备了更多更接近于现实使用效果的各类纸张、笔触工具，因此所描画出的结果也更加自然形象和逼真。以下是使用 Painter 软件创作出的设计及绘画作品，大家可以从中感受到它的优势所在（见图 5-8 ～图 5-15）。

多达8个可编程式数位键

新增可调节式多功能触控环

图 5-7　数位板上的自定义多功能快捷键

图 5-8　使用 Painter 绘制的摩托车产品效果图

● 使用 Painter 绘制的不同种类的作品

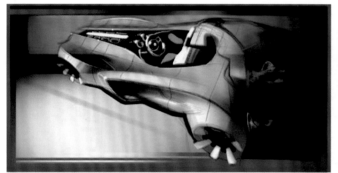

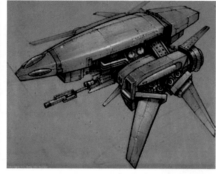

图 5-9　使用 Painter 绘制的概念车产品效果图　　图 5-10　使用 Painter 绘制的科幻主题效果图　　图 5-11　使用 Painter 绘制游戏角色设定

图 5-12　使用 Painter 绘制的油画人物　　图 5-13　使用 Painter 绘制的风景图　　图 5-14　Painter 漫画表现　　图 5-15　Painter 水彩风格动漫形象

Painter 软件的操作界面（见图 5-16）。

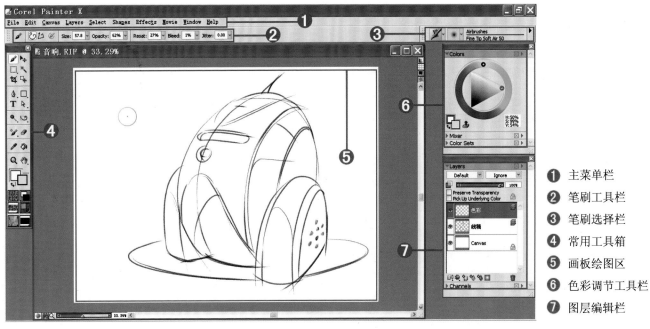

右侧标注：
1 主菜单栏
2 笔刷工具栏
3 笔刷选择栏
4 常用工具箱
5 画板绘图区
6 色彩调节工具栏
7 图层编辑栏

图 5-16　Painter 软件界面

　　需要注意的关键一点是，使用数位板必须安装相应压感驱动，并非把 USB 连上就可以绘图。下面的两幅图就显示出有压感和没有压感的差异，有压感的笔触线条会随着我们用笔力道的增大而发生变化（见图 5-17 和图 5-18）。

图 5-17　没有压感功能的笔触形态　　图 5-18　有压感功能绘制的笔触形态

● 经常使用的快捷键

E 键：旋转画布便于用合适的角度刻画；
Ctrl+Alt 键：配合拖动画笔可实时调节笔触大小；
B/V 键：曲线直线绘制变换，空格键移动画板；
其他快捷键可查阅 Painter 软件中的设置，慢慢熟悉使用。

Painter 中的笔刷工具可谓丰富多样，且效果与实际相仿，每种工具笔都有着多样的笔触，可以自行调节并进行存储，给设计师的表现提供了极大的便利。当然，并非要把每种工具都介绍给大家，在本章的案例部分会结合几种有效的常用表现工具来作具体使用方法的描述（见图 5-19 ～图 5-23）。

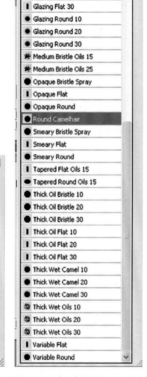

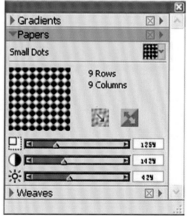

图 5-19　Painter 工具笔　　图 5-20　每种笔的不同笔触　　图 5-21　笔触调节控制面　　图 5-22　调色混合取样面板　　图 5-23　纸纹调节面板

5.3 汽车类产品手绘草图表现（一）

当今数字化表现技术的迅速发展给设计界带来了前所未有的便利，数位板也成为诸多工业设计公司进行产品造型设计的重要工具，相比传统手绘工具，它更多的表现为快速、形象生动、易于修改和不同风格的渲染表达。虽然技术变得更加易于掌握，但还是要以传统手绘作为基础，下面就以汽车类产品为题给大家做具体产品概念草图的过程演示，希望读者能够从中得到一些表达的经验和技巧。

【1】选择铅笔工具调节参数（见图 5-24）。

图 5-24　选择铅笔工具调节参数

【2】在画布上先勾勒出车体的宽高比例定位（见图 5-25）。

图 5-25　比例线条定位

【3】使用宽松灵活的线条对车体朝向、驾驶舱与腰线等重要位置加以勾勒（见图 5-26）。

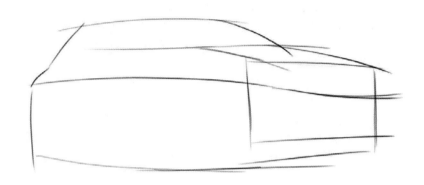

图 5-26　勾画车身基本轮廓线

【4】定位出车轮圆心，并以其为参考点画出车轮外部框架（见图 5-27）。

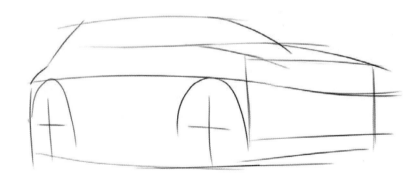

图 5-27　画出车轮外部框架

【5】将车体底部线条定位，同时画出轮胎厚度（见图5-28）。

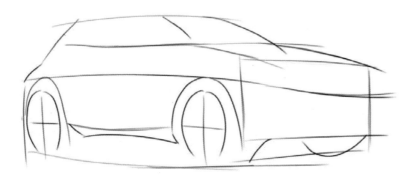

图 5-28　确定车轮和车身形态

【6】开始从车头部分画起，绘制中分线作为参考和塑造形体的辅助线条（见图5-29）。

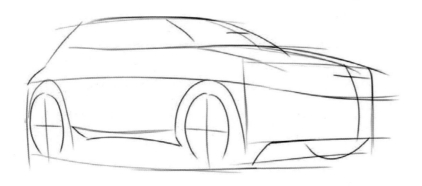

图 5-29　绘制参考性的车身中分线

【7】初步勾画出车灯位置和基本形状，同时为车身添加辅助腰线线条（见图5-30）。

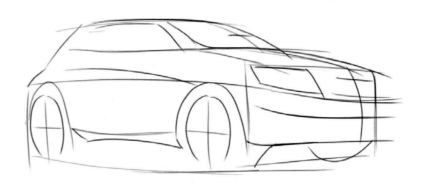

图 5-30　绘制车灯及辅助腰线

【8】绘制出车灯和灯眉轮廓（见图5-31）。

图 5-31　画出车灯轮廓

【9】为车体添加雾灯、后视镜等轮廓线条（见图 5-32）。

图 5-32　绘制雾灯、后视镜等部件

【10】为车体添加轮辋结构线条，需要注意轮辋架的线条对称性（见图 5-33）。

图 5-33　绘制轮辋形态

【11】为车体勾画车门、车门拉手、侧转向灯等细节（见图 5-34）。

图 5-34　完善其他部件线条

【12】对车身转折和底部进行线条上的强化，以增加车体厚重感和层次感（见图 5-35）。

图 5-35　强化车身转折线及底部线条

【13】为了衬托车体立体感和形象感，我们从轮辋内部开始为车体添加明暗对比，涂黑其内部，车灯等部分按素描方式排出阴影对比关系线条（见图5-36）。

图5-36　涂黑轮辋内部增强明暗对比

【14】使用铅笔工具斜线排出车头保险杠的阴影明暗关系（见图5-37）。

图5-37　对局部排线处理增加立体效果

【15】车身速写草图基本画完，下面开始为草图做简单快速着色处理，选择数码水彩画笔工具中的融合型笔触（见图5-38）。

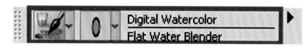

图5-38　选择融合型笔触

【16】调大笔尖尺寸，选择湖蓝色，然后快速表现出车体基本色彩明暗关系，需要重点注意车身受光反光及车体固有色之间的亮部与暗部对比关系（见图5-39）。

图5-39　在考虑光影因素的前提下绘制车身色彩关系

【17】使用黑色数码水彩笔勾画出车身底部，以衬托起上部车体（见图5-40）。

图5-40　加深暗部色彩增强立体明暗对比

【18】依然使用数码水彩笔工具，将笔尖尺寸调小，选择橘色和黄色勾画出车灯色彩，注意留白处理作为反光亮部（见图 5-41）。

图 5-41 前后车灯的概括表现

【19】选择灰色为轮辋做简单色彩明暗处理，同样注意留白反光（见图 5-42）。

图 5-42 绘制后的轮辋立体效果

【20】为增加车体的视觉效果，我们为其添加一个背景，使用数码水彩笔快速勾画出富有动感的线条借以表现汽车类产品的性能特点（见图 5-43）。

图 5-43 添加了背景衬托的效果图

【21】最后将所有图层合并，使用橡皮工具调节透明度，对车身进行高光亮点和亮线的处理，增加车体的反光漆面效果（见图 5-44）。

图 5-44 局部点缀亮点和亮线增加车体光洁质感

5.4 家用吸尘器手绘效果图表现

本节选择日常生活中常用的家电产品——吸尘器作为表达主题，整个表现流程和技巧与前面章节所描述的过程基本相似。下面就开始具体的表现步骤。

【1】新建一个空白文件，添加新图层作为线稿层，使用彩铅作为起稿工具，调节其参数如图5-45所示。

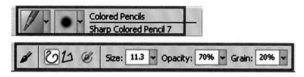

图5-45　调节彩铅参数

【2】先在画面中绘制出产品的基本高低和长宽标线，要符合基本的构图布局，避免出现构图不合理的情况（见图5-46）。

图5-46　勾画基本形体定位线

再勾画出一个接近长方体的轮廓，目的是使透视比例和角度关系不至于出现问题（见图5-47）。

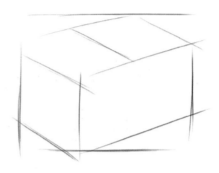

图5-47　绘制透视比例框架线

【3】接着开始以长方体为依托勾画出吸尘器基本的轮廓，绘制出中心线检验对称性并逐步完善形体各个部件，注意用线要肯定果断（见图5-48和图5-49）。

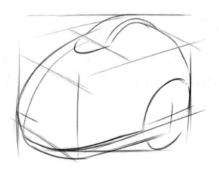

图5-48　绘制产品的基本形态线条

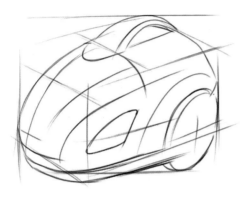

图 5-49　勾画部件轮廓形态

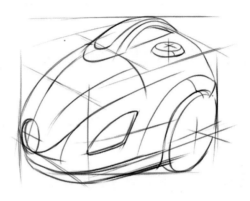

图 5-51　完善和深入产品线条

【4】继续完善形体的各个组成部分（见图 5-50 和图 5-51）。

【5】调节彩色铅笔的粗细和浓淡，对形体的重点转折边线做强化处理以增强其立体感（见图 5-52）。

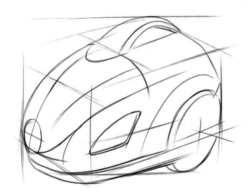

图 5-50　添加局部造型细节线条

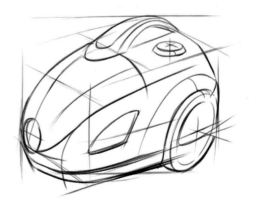

图 5-52　强化产品局部轮廓线

【6】选择一种浅灰色的线条作为彩色铅笔的用线，以排线的方式快速绘制出其暗部，并勾画出投影的基本轮廓线条（见图 5-53 和图 5-54）。

图 5-53　以排线形式增加产品立体感

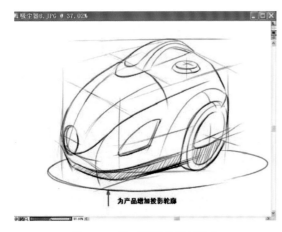

图 5-54　描画阴影的概括线条

【7】新建一个给产品作为色彩处理的图层，设定参数如图 5-55 所示。

图 5-55　设定新建图层参数

选择数码水彩笔工具，使用 Diffuse Water 笔触，调节笔触大小、角度和色彩参数（见图 5-56）。

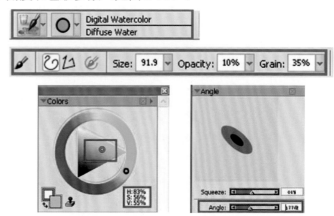

图 5-56　调节 Diffuse Water 笔触的参数

【8】在新图层中快速绘制出图 5-57 所示的色彩效果，其中较暗部分可以多涂几次（在这个阶段一定要注意整体光影空间感的处理，不能一味平涂）。

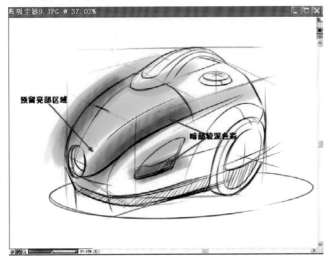

图 5-57　为机身增加概括性色彩

【9】更换数码水彩笔工具为 Soft Round Blender 笔触，调节笔触大小和透明度（见图 5-58）。对步骤 8 所画的色彩进行处理，这个融合笔触工具可以对线条外的多余色彩及衔接不好的部分进行优化，调节为白色就可以覆盖掉不需要的部分，调节为相似色则可以对不同色块做融合，效果见图 5-59。

图 5-58　调节 Soft Round Blender 笔触参数

图 5-59　把多余色彩擦除后的产品机身效果

【10】更换数码水彩笔工具为 Diffuse Water 笔触，选择一种深灰色，在吸尘器底部添加暗色区，增强产品的立体感（见图 5-60和图 5-61）。

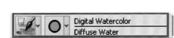

图 5-60　选择 Diffuse Water 笔触　　图 5-61　描画吸尘器暗部区域

【11】按 Shift 键，选择色彩和线稿两个图层，使用 Drop 命令向下合并（见图 5-62）。

图 5-62　图层状态

【12】新增加一个图层作为机身的灰色表现层，继续使用 Diffuse Water 笔触。调大笔触，选择一种中灰色，开始绘制吸尘器中间部件的过渡色（见图 5-63 和图 5-64）。

图 5-63　调节 Diffuse Water 笔触参数

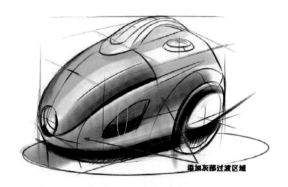

图 5-64　机身过渡区域的衔接处理

【13】再次更换数码水彩笔工具为 Soft Round Blender 笔触，对步骤 12 所画的灰色笔触做调节处理。感受数码水彩笔自由调和的魅力，我们可以很方便地把原本发暗的区域提亮，并对色彩的过渡做很好的衔接（见图 5-65）。

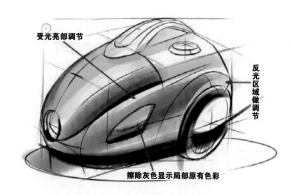

图 5-65　对色彩进行调整处理

【14】再次更换数码水彩笔工具为 Diffuse Water 笔触，调节参数如图 5-66 所示，选择一种浅紫色，用来绘制吸尘器仿金属材质轮毂的颜色（见图 5-67）。

图 5-66　调节笔触参数

本步骤中，可以用出头线来表现设计图的固有特点，这是国内外很多设计草图中的共同特点（见图 5-68）。

图 5-68　对色彩轮廓进行调节

【15】接着还是使用数码水彩笔为吸尘器的其他部件添加深浅不同的颜色以增强其立体感（见图 5-69）。

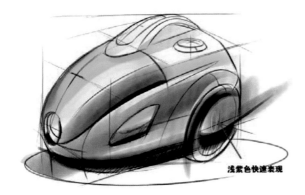

图 5-67　绘制的色彩效果

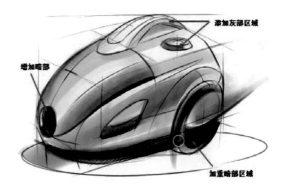

图 5-69　完善部件的色彩细节

【16】使用浅黄色在提手部位的上部快速绘制出模拟环境的反光，然后在机身中部以浅紫色绘制出冷色调的环境色（见图 5-70）。

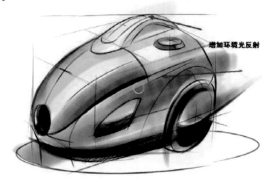

图 5-70　绘制环境光影响的产品色彩部位

【17】使用重色调线条快速对阴影线条进行强化，并增加象征暗影的笔触（见图 5-71）。

图 5-71　对产品进行暗影部分的概括和处理

【18】合并所有图层，更换画笔为 Soft Eraser 笔触，调节参数如图 5-72 所示。

图 5-72　调节 Soft Eraser 参数

本步骤要对吸尘器的表面做加亮处理，主要是添加高光点和高光线条，这就需要在主观意识中明确哪些地方应该加哪些地方不该加，要尽可能地符合光照环境（见图 5-73）。

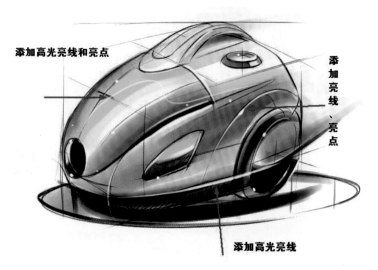

图 5-73　为机身添加光亮线条和高光

【19】为了明确产品的基本使用原理，一般工业设计师都要在后期的草图中添加相应的文字说明和辅助语义标示，以便于客户更容易理解，最终完成产品草图效果如图 5-74 所示。

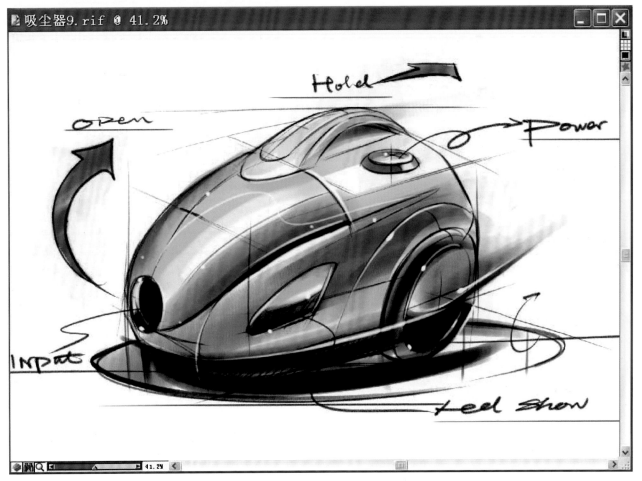

图 5-74　最终设计表现草图

5.5 汽车类产品手绘草图表现（二）

本节之初先来给大家简单介绍在 Painter 软件中笔刷的设定与存储方法。

根据自身使用习惯，可以直接在笔刷图标上拖动鼠标到界面任意区域，系统会自动建立一个笔刷窗口，并且可以不断往这个窗口中拖入各种新增的笔刷。当然最后我们还要对这些笔刷进行保存，方法是选择 Windows ｜ Custom Pallette 命令，选中自己新建的笔刷名称，单击 Export 进行存储（见图 5-75）。

图 5-76 新建文件及图层

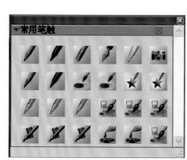

图 5-75 定义和存储常用笔刷

下面继续通过实例教程来提升数位板手绘表现的技能。

【1】首先新建一个 20 厘米 ×30 厘米，分辨率为 180dpi 的空白文档，再新建两个图层，一个是用于描画线稿的图层，另外一个是用来给产品上色的图层（见图 5-76）。

【2】选择彩铅工具，设定参数如图 5-77 所示。

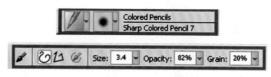

图 5-77 设定彩铅工具参数

然后开始在线稿图层上画出形体基本的位置构图线（见图 5-78）。

图 5-78 绘制基本比例定位线

【3】勾勒出车身朝向及车窗基本轮廓（见图5-79）。

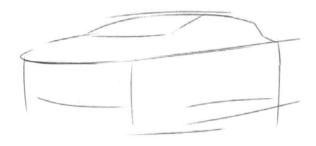

图 5-79　绘制车身基本轮廓线

【4】标记车身中线用以平衡透视的准确性，画出车灯、进气口及车窗等基本线条（见图5-80）。

图 5-80　添加车灯、进气口、车窗等线条

【5】使用彩铅工具继续刻画车头细节及车轮形状，注意对车身腰线及进气口边缘线稍作强化，同时保持形体比例及透视的准确性（见图5-81）。

图 5-81　绘制车轮基本形态线条

【6】添加车身后视镜前后雾灯拉手等细节线条（见图5-82）。

图 5-82　添加雾灯、后视镜、车门等细节线条

【7】勾画出轮辋形状，调节彩铅的笔头宽度和颜色深度，强化车身底部线条，增强层次对比效果（见图5-83）。

图5-83　绘制轮辋并强化产品转折线及底部线条

【8】添加车灯形状和车身动感线条（见图5-84）。

图5-84　描画车灯形态

【9】明确光影关系后，使用排线笔触快速表达出暗影区域，拉开明暗层次对比（见图5-85）。

图5-85　为车身绘制基本明暗排线

【10】在笔刷工具中选择喷笔，调节参数如图5-86所示。

图5-86　调节喷笔参数

【11】在色彩图层中用富有动感的笔触快速画出衬托车体及背景，注意环境布光（见图5-87）。

图5-87　绘制出车体的基本明暗光照关系

【12】在深灰色背景中添加几条蓝绿色的笔触，在局部增加环境光的影响以活跃画面（见图 5-88）。

图 5-88　环境光处理

【13】选择喷笔中的 Fine Tip Soft Air 50 笔触，调节参数如图 5-89 所示。

图 5-89　调节 Fine Tip Soft Air 50 笔触参数

选择较重的深色笔触，强化车身腰线及车头底部位置，勾画出前后轮辋内部暗影区域（见图 5-90）。

图 5-90　描绘出暗部区域

【14】使用喷笔工具，调大笔触，配合黑色、灰色、蓝绿色及浅紫色绘制出富有飘逸动感的衬托背景，刻画出车窗暗影区，注意车身预留少量白色区域作为亮部（见图 5-91）。

图 5-91　对环境背景做完善并刻画车窗反光

【15】加重车身底部，绘制出进气口轮圈等的暗部区域（见图5-92）。

图5-92　车体暗部处理

【16】将颜色调为蓝紫色，使用喷笔工具在车身及轮辋上喷出基本的受光环境下的色彩，注意预留亮部区域（见图5-93）。

图5-93　为车身添加色彩

【17】使用F-X-Neon Pen笔刷，按住工具栏中的图标按钮，调出其不同风格的绘制效果栏，从中选择一种橘色光线效果（见图5-94）。

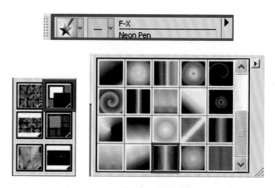

图5-94　车灯光线笔刷设置

绘制出表现车灯效果的线条，注意运笔要快速肯定，结果应当接近图5-95所示。

图5-95　绘制的车灯效果

【18】换成 Airbrushes Soft Airbrush 50 笔触工具，调节参数如图 5-96 所示。

图 5-96　笔触参数设置

在车身腰线位置添加蓝绿色环境光效果，在轮辋内增加浅黄色环境反光效果，同时也画出红色的尾灯效果（见图 5-97）。

图 5-97　车体的环境光处理

【19】使用橡皮擦工具擦亮前风挡玻璃及侧窗的反光区域，注意橡皮擦的浓度可适当降低（见图 5-98）。

图 5-98　车窗反光处理

【20】继续使用擦除工具擦出轮辋等的反光效果（见图 5-99）。

图 5-99　不同部位反光处理

【21】用喷笔工具调和浅紫色在车身上的亮部和暗部做衔接，使车身色彩过渡更加自然（见图5-100）。

图 5-100　车身色彩的衔接处理

【22】合并所有图层，使用橡皮擦工具（调节为小笔触），在车身上点出高光亮点及亮线，以表现车的金属漆面反光质感，使用铅笔添加流畅的签名（见图5-101）。

图 5-101　质感线条、高光的概括表现

【23】为效果图添加标题文字及衬托版面效果的元素，最后完成表现图（见图 5-102）。

图 5-102　最终完成的汽车设计表现图

5.6 汽车类产品手绘草图表现（三）

汽车类产品在现实生活中很常见，加之形体组合变化比较复杂，因此我们把它作为草图表现的一个重点课题加以强化，以期举一反三，达到触类旁通的目的。下面再做一个运动型汽车的草图训练。

【1】选择铅笔工具，依照前面教程的基本方法，初步定位车体宽高比例和位置（见图 5-103）。

图 5-103 绘制基本比例定位线

【2】勾勒出车头及驾驶舱基本位置比例（见图 5-104）。

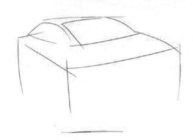

图 5-104 绘制车身基本轮廓线

【3】定位车轮中央圆心，然后画出轮胎轮廓线（见图 5-105）。

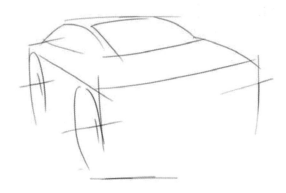

图 5-105 绘制车轮形状和轴心线

【4】先画出车头及驾驶舱中央参考辅助线，然后画出车灯及保险杠线条轮廓（见图 5-106）

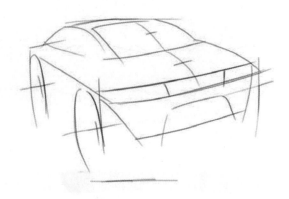

图 5-106 添加车灯、进气口、车窗等基本形体线条

【5】继续为车体添加车身腰线、车门、拉手、后视镜、车窗反光等线条（见图 5-107）。

图 5-107　完善车身部件形态造型

【6】画出车灯、雾灯保险杠厚度及轮胎厚度等的线条（见图 5-108）。

图 5-108　深入刻画车体部件细节

【7】勾勒出轮廓内部结构线条，注意透视的基本关系（见图 5-109）。

图 5-109　绘制轮廓造型线

【8】画出轮胎花纹、车标、转向灯、进气口格栅等位置和形状（见图 5-110）。

图 5-110　为汽车添加部件细节线条

【9】强化车体底部及转折处的线条，衬托起车体（见图 5-111）。

图 5-111　车体转折处及底部线条强化处理

【10】开始为车体着色，依然从车体底部投影开始（见图 5-112）。

图 5-112　暗部区域上色

【11】为快速增强形体立体效果，先将轮辋内部涂黑，以加强车轮的立体感（见图 5-113）。

图 5-113　轮辋内部暗影处理

【12】选择融合型数码水彩笔，调大笔触，分别对车身及底盘做色彩涂画，同样需要注意光影反白效果的塑造（见图 5-114）。

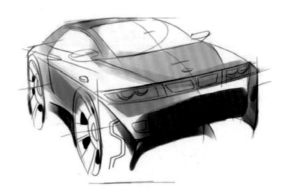

图 5-114　车身色彩概括

【13】将车窗用重色塑造出富有反光的对比效果,在其亮部中间用橘色绘制,保留一定形状的留白处理作为反光。同时调节车体色彩,选择大号笔触做处理,尽可能使画面显出类似水彩肌理的效果(见图 5-115)。

图 5-115　绘制车窗色彩及反光

【14】接下来开始处理车头部位,将灯罩内部、进气口格栅,保险杠内部等加上重色,使用橡皮擦工具轻轻擦出车灯亮部轮廓(见图 5-116)。

图 5-116　勾勒车灯、进气口及保险杠等立体效果

【15】选择一种黄褐色,对轮辋内部做初步涂色,注意反光留白区域(见图 5-117)。

图 5-117　添加轮辋环境光

【16】用数码水彩笔选择深色,将轮胎勾画成富有立体光感效果的样子(见图 5-118)。

图 5-118　轮胎概括涂色处理

【17】配合使用橡皮擦工具擦出部分轮辋反光效果（见图5-119）。

图 5-119　轮辋立体效果处理

【18】为了增加车体的整体渲染效果，我们使用淡黄色为车身增加环境反光，注意只在局部做了处理（如侧面车身、轮辋底部等位置，见图5-120）。

图 5-120　车体环境光表现

【19】配合橡皮擦工具对车体进行细化处理，将各部分高光亮点及线条绘制出来，最后完成整体的汽车草图（见图 5-121）。

图 5-121　完成的汽车造型表现图

5.7 电动工具产品效果图表现

【1】新建空白文件，尺寸及分辨率如图 5-122 所示。

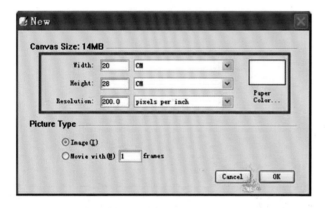

图 5-122　新建文件尺寸参数

【2】选择彩铅绘图工具，调节参数如图 5-123 所示。

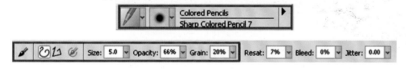

图 5-123　设置彩铅参数（一）

在调色环中选择一种中灰色作为铅笔线颜色，如图 5-124 所示。

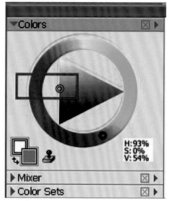

图 5-124　设置彩铅参数（二）

【3】开始在画布上勾勒出电动工具的基本轮廓，注意应把握大的线形，要求总体比例准确（见图 5-125 ～图 5-127）。

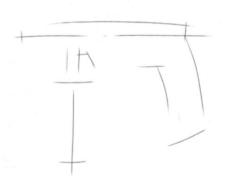

图 5-125　绘制产品基本造型线条

【4】勾画出其基本形体结构和局部细节后，应该再使用较粗线条强化产品的外形，注意只强化转折重点部位（见图 5-128）。

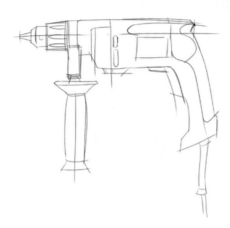

图 5-126　绘制的产品各部分轮廓线

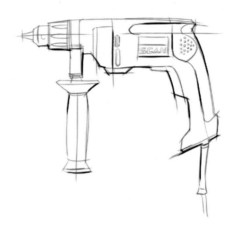

图 5-128　加强产品的轮廓转折线，使线条具有虚实对比

【5】新建一个图层，命名为"色彩"，调节其层模式为 Gel 格式（见图 5-129）。

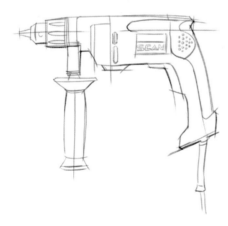

图 5-127　完善产品局部线条

图 5-129　增加单独的色彩表现图层

【6】选择数码水彩笔工具，调节参数如图 5-130 所示。

图 5-130　设置数码水彩笔参数

用大笔触在画面中绘制出电钻头部的光影面，注意应符合光照环境效果（见图 5-131）。

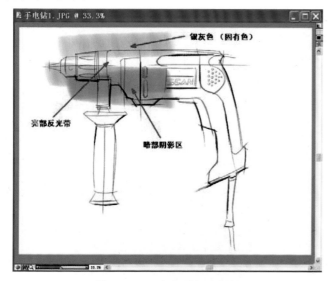

图 5-131　局部色彩初步概括

图 5-132　笔触工具角度调节

图 5-133　产品立体表达效果

【7】调节数码水彩笔的尺寸和角度，继续绘制其基本黑白灰明暗关系，注意手柄部位应加重色彩（见图 5-132 和图 5-133）。

【8】选择数码水彩笔中的 Soft Round Blender 工具，调节参数如图 5-134 所示。

图 5-134　调节 Soft Round Blender 工具参数

对色块之间进行色彩融合处理，这种数码水彩笔既可以对形体暗部进行加深处理，也可以当做橡皮擦使用，将其调节为白色就可从亮部向暗部涂抹，将画出线外的多余灰色擦除，从而产生需要的过渡效果和反光效果（见图 5-135）。

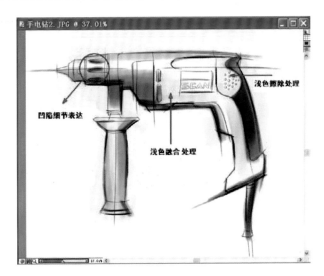

图 5-135　对形体进行细化调节处理

【9】依然使用数码水彩笔工具，调节参数如图 5-136 所示。

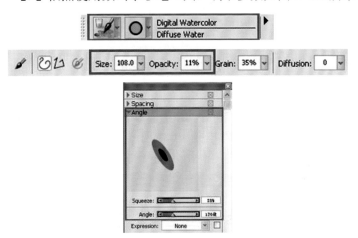

图 5-136　笔触调节

选择一种工业设备专有的黄色作为机身色彩，以大笔触为机身添加色彩（见图 5-137）。

图 5-137　机身色彩概括

【10】继续使用数码水彩笔，设置参数如图 5-138 所示。

图 5-138　改变数码水彩笔参数

在对机身色彩进行处理时，注意保留机身反光效果和部分具有速写特征的线条（由内向外快速涂抹，见图 5-139）。

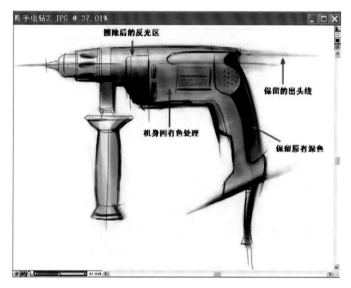

图 5-139　对机体色彩整理后的效果

【11】按 Shift 键，同时选择几个图层，使用 Drop 命令将它们与底图进行合并（见图 5-140）。

图 5-140　色彩图层合并

【12】选择 Tinting 工具笔，它是可以用来擦出产品表面高光效果的笔，调节其参数如图 5-141 所示。

图 5-141　Tinting 工具笔参数设置

轻轻在机身壳体表面的受光部位擦出亮线和高光点（见图 5-142）。

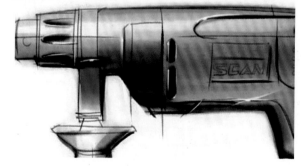

图 5-142　机身表面反光质感处理

【13】依次为机身不同受光部位添加高光亮线（见图 5-143）。

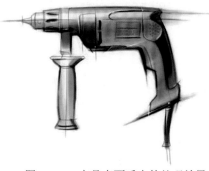

图 5-143　产品表面反光的处理效果

【14】用数码水彩笔工具调节小笔触，在机身后上部绘制散热孔（见图 5-144 和图 5-145）。

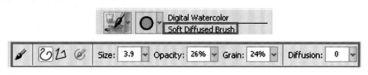

图 5-144　调节数码水彩笔工具

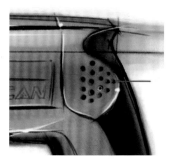

图 5-145　绘制散热孔等细节

【15】使用 Diffuse Water 类别的数码水彩笔，以不同宽窄的笔触绘制产品的暗部区域（见图 5-146）。

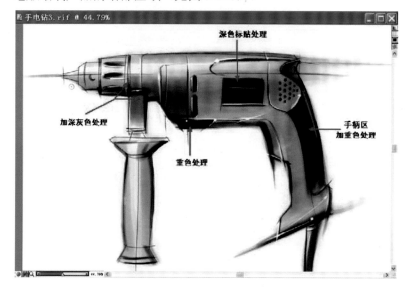

图 5-146　机体的暗部处理

【16】新建一个色彩图层，交替使用 Diffuse Water 和 Soft Round Blender 两种数码水彩笔工具，对前部手柄部分进行细化处理。

然后配合使用水彩擦除工具，绘制出手柄表面反光（见图 5-147 和图 5-148）。

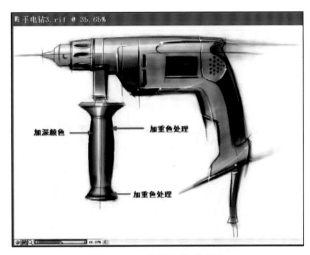

图 5-147　手柄立体感表达

图 5-148　反光线条处理

【17】新建一个色彩图层用来增加钻头部分的光感效果，交替使用 Diffuse Water 和 Soft Round Blender 两种数码水彩笔工具，添加深色并进行色彩融合处理，绘制出金属质感（见图 5-149）。

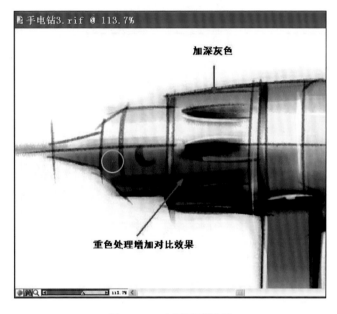

图 5-149　金属质感衬托

【18】将这些色彩图层合并，使用水彩擦除工具擦出金属表面的高光亮点（见图 5-150）。

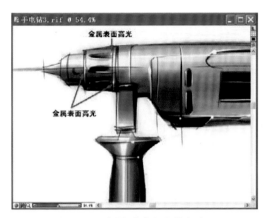

图 5-150 金属质感高光线条表现

【19】另外，还需对电线部分进行简要处理，方法同上，以增加其立体感（见图 5-151）。

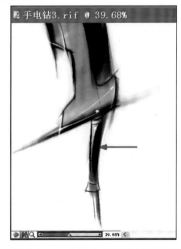

图 5-151 电线的立体感处理概括

【20】使用擦除效果工具，为机身后部的散热孔边缘添加反光效果（见图 5-152）。

图 5-152 产品轮廓边缘细节处理

【21】此外，还需要在 Photoshop 中为其添加标志和签字效果，在此不再赘述。到此基本完成了这款电动工具的效果图绘制（见图 5-153）。

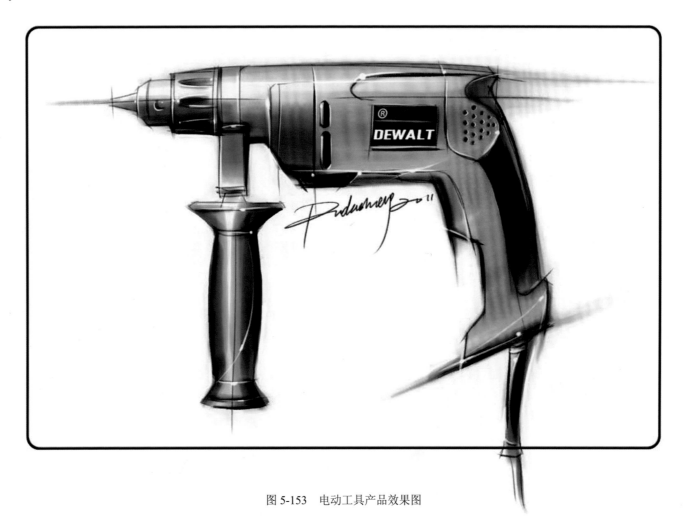

图 5-153　电动工具产品效果图

● 参考作品（见图 5-154 ～图 5-156）

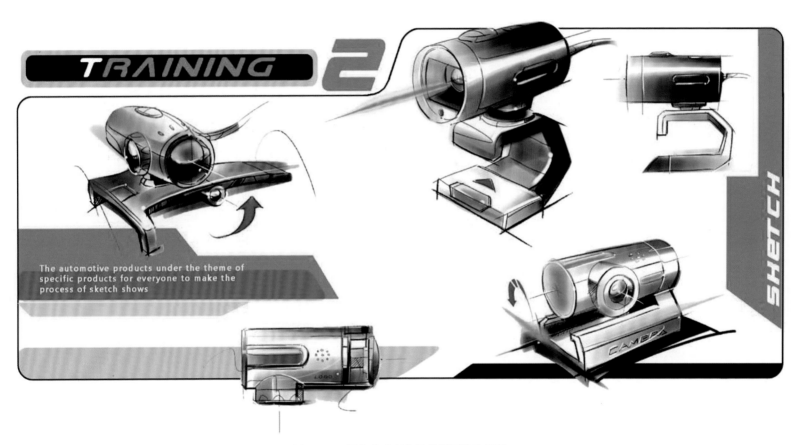

图 5-154　摄像头系列产品的版面设计草图

图 5-155　汽车产品设计版面草图

图 5-156　工业产品的草图表现

第6章 企业科研项目中的设计表现

如今，工业化装备产品的竞争已经不是单纯核心技术的升级改造，如同汽车产业发展一样，市场日益需要企业提供从内到外日臻完善的产品。本章围绕工业装备制造业的案例项目展开讲解，将工业设计创新理念与表现手法同企业实际产品设计及加工工艺辅助相融合，给读者提供了一线工业设计师完整的产品设计流程。这能够让更多的对工业设计了解不足的读者感受到设计创造价值不是口号，同时也为中国装备制造产业的发展壮大离不开工业设计的创新带来有力的证明。经过设计实践能够增进企业对工业设计的认知了解，也为其创造了显著的经济效益。

6.1 产品设计项目的操作流程

一般来说，产品设计项目的种类繁多，既包括大型工业装备（如重型机床、工程车等），也包括日用家电百货（如电视、冰洗产品、灯具、厨具等），还包括 IT 类（如数码产品、机柜、计算机整机及外设等），因此每类产品设计的要求也不尽相同，但从整体上看每类项目操作流程都大致相同（见表 6-1）。

从表 6-1 可以得出，要做好项目的设计工作必须有具体明确的日程规划和人员安排，并且熟悉相关制造工艺，注重沟通交流能力并要在实践中把握每个关键环节。

表 6-1 产品设计的基本工作流程

序　号	项目阶段工作内容
1	接受设计任务，明确具体设计要求和内容
2	产品样品测绘，相关设计数据采集
3	签署合作协议，明确时间节点和责任
4	制订设计计划
5	展开市场调研和信息收集
6	对信息进行汇总和分析，理清思路
7	进行创意设计，勾画相关概念草图
8	初步设计提案与客户交流
9	进行方案调整修改
10	进行人机工学、结构配合等可行性分析
11	提交客户改进方案，确定最终提案
12	绘制仿真效果图
13	色彩设计及动态仿真模拟（针对客户不同需求）
14	绘制加工工程图（可以由加工厂负责，减少误差和时间损耗）
15	模型或样机加工制作
16	配件采购、结构调整、表面处理
17	样机监制及问题反馈调整
18	产品外观（或实用新型）专利申报
19	批量加工前的图纸修改与工艺确认
20	批量化大规模生产
21	产品相关宣传资料或展示环境的设计制作
22	产品上市销售
23	市场客户意见反馈与汇总
24	生产方进一步优化改进产品细节
25	设计方项目总结及资料整理
26	启动二代产品开发，进入项目的循环设计

6.2 企业实际课题项目案例分析

本节以工业真空设备为例给读者简单介绍企业实际课程项目的流程。

● 项目背景

该项目为中科院下属企业的国家 863 计划子项目课题，此前该企业已经生产出几款样机产品并在市面销售，但每年只有十几台销量。企业为了提升产品的品质和设计委托我公司进行具体的产品设计改进。

● 草图设计阶段

在双方签署了项目合作协议后，经过对真空产品的具体现场考察，主要了解了其工作原理、原有产品的壳体结构及装配形式、基本尺寸测绘、人机操作等方面的问题后，就初步制订了设计进度计划，按照合同时间展开同类产品的市场调研和资料分析。笔者认为做产品设计一定要善于突破原有固定思维，多做换位思考，我们经常能够从其他产品的外观、使用状态及内部结构乃至表面材料和色彩处理上获得灵感。该项目一期设计灵感来自于计算机机箱，当然设计界拒绝雷同，因此更多的

需要设计师进行深化调整以形成适合企业的设计。在有了初步灵感构想后就会过渡到设计草图的表现阶段，因为以后的成型产品都要以之为蓝本，所以要求设计师不但要多勾画不同的形态创意草图，另外也要考虑结构方面的表达。最后所选择的方案一定要满足客观的生产加工条件，而且要适当考虑加工成本，毕竟很多国内企业需要的是能够为其带来实质收益的设计（见图 6-1）。

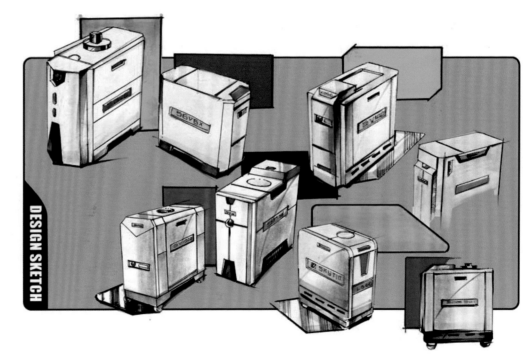

图 6-1　构思阶段的系列产品设计草图

在对设计草图进行完善后就需要和企业客户进行交流和沟通，在设计项目中通常是设计师们集体进行创意，互相启发和提出合理性建议，现代工业生产的产品设计者和生产制造者不可能是个体，工业设计也成为一种群体性创造工作。因此，产品造型设计师在构想制作产品之前，就必须向有关方面人员，如企业决策者、相关工程技术人员乃至使用客户或消费者，沟通了解该产品的有关情况，才会设计出美观实用并利于生产的产品。在提案阶段一般都会提供给客户大约三款不雷同的设计图供其对比参考和筛选。

这一阶段对于设计师来讲是相当重要的一关，很多实例说明不善于交流沟通往往会给后续的设计及调整带来很大阻碍甚至有可能导致项目的流产。所以建议设计师除了使表现技术日臻完善外，最好也在这方面多学习些技巧，以顺应"工业设计以人为本"这一说法。每类设计项目的背景不同，所以大多数企业对于产品的改进和创新都有着相对保守的看法，他们通常不只考虑产品外观形态美的提升，更多地会考虑到结构及人机是否更加简洁合理、加工是否有可行性，最重要的是生产成本的高低与市场预期效果能否实现，所以有时也需要设计师保持一定的耐心，用更多的方法来引导客户认识设计所产生的价值。

随着计算机绘图技术的效率和品质的提升，草图在草案表现领域已经有了质的飞跃，特别是在汽车制造企业中看到的草图往往都具有相当直观生动的仿真效果，这样会使与客户的沟通交流更加顺畅和便捷，但对于设计方来说，这也意味着先期人力资源上的投入，所以在合同协议中必须明确保障，以减少不必要的风险。

● **效果图表现提案阶段**

确认了设计草案的具体方向后，我们通常需要对所确认的草图进行深入完善和调整，需要使结构安排更加合理，操作装配要符合人机原理，色彩及表面处理也要尽可能和谐宜人。在得到企业委托方的认同后则可以进入产品效果图的绘制阶段。国内产品设计公司都有着不同的运作流程，在这一阶段所采取的形式也稍有不同：有的公司采用三维工程软件来构建模型，也有的公司采用绘制产品六面视图或者手绘图的方式。采用三维工程软件建模方式相对来讲有自身的优势，即便于对模型随时进行调整修改，且形象直观生动，便于全方位观察，渲染效果也愈加趋于真实，其不利之处是需要较长的制作工时投入。

采用二维表现虽然工时投入较少，渲染也能达到仿真程度（因人而异），但面临大的改动时会比较麻烦，所以建议设计师在这两类表现中最好都能有所掌握，以应对不时之需。

目前效果图制作的软件也非常多，渲染的真实程度也随着软硬件技术的更新大幅提升，本次案例使用 Bunkspeed 公司的 Bunkspeed Shot 软件来完成（见图 6-2 ～图 6-4）。

图 6-2　产品专用快速渲染软件——Bunkspeed Shot

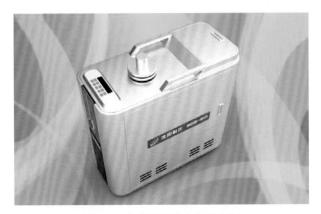

图 6-3　完成的渲染立体效果图

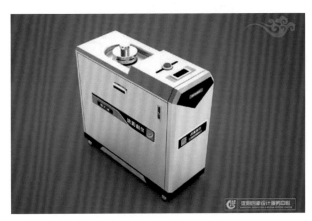

图 6-4　产品最终渲染效果图（金鑫作品）

通常需要对所生成的效果图进行版面的设计和编排，以形成相对完善的提案提供给客户方。版面元素主要包括标题文字、成角透视主视图、三视图及设计理念文字说明等（见图 6-5 和图 6-6）。

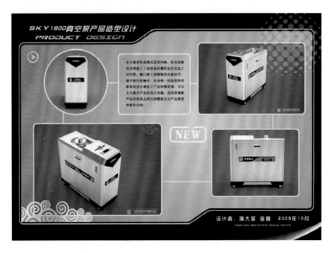

图 6-5　版面设计（一）

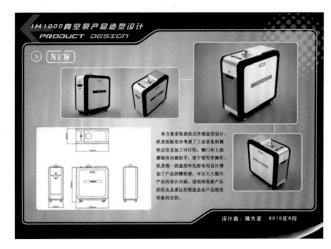

图 6-6　版面设计（二）

● 结构设计阶段

经过效果图的表现和企业认同后，就要进入工程图的绘制阶段，这也是产品在加工前的一道必要工序。这一阶段需要将样机的各种尺寸规格材料及主配件明确下来，也要在工程软件中进行模拟装配和干涉检验，以防止后期出现过多的加工配合问题。

目前在企业中常用的工程软件有 SolidWorks、Pro/E、UG、Catia 等，它们虽然各有优势但总体功效都趋于一致，对产品设计师来说掌握其中一种即可，这有助于设计师在实际中绘制图纸和核对检查。国内也有很多规模较小的产品设计公司采取将图纸和样机统一外协的方式，由加工方绘制，加工方可以直接根据数控加工、快速成型或者模具等直接进行图纸的修正。

图 6-7 SolidWorks 工程软件界面

每一个产品都是通过相互关联的部件组装来完成的，从外部造型到内部结构都是为满足功能的需要而设计的。不同的产品由于其自身的特殊性而需要不同的加工手段，如钣金、快速成型、注塑、吸塑、模具成型等工艺。这就要求在进行产品设计之前要与相关的工程技术人员展开制造工艺上的交流，以了解必要的成型工艺知识和加工要求，根据相关要求进行完善设计并设计出合理的装配结构。

本次项目的工程图绘制使用了 SolidWorks 软件，主要是使用钣金模块来进行三维图形的构建，在其中可以多方位地查看和检查产品壳体的每个部件尺寸和装配情况，而且针对所存在的问题可以实时修改。最后将每张图纸输出进行数控编程，以进行数控加工（见图 6-7～图 6-11）。

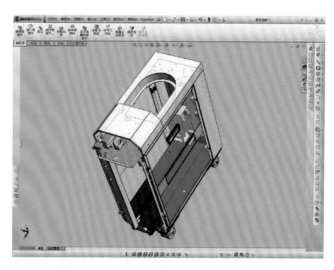

图 6-8 由 SolidWorks 软件创建的三维模型

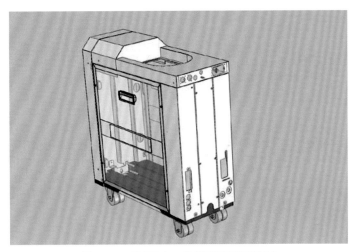

图 6-9　不同视点三维模型的演示验证

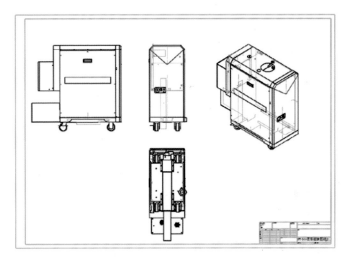

图 6-11　SolidWorks 所生成的工程图纸

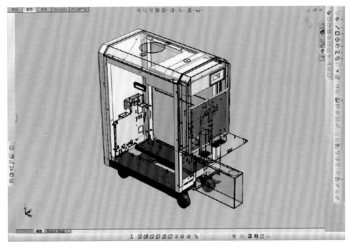

图 6-10　样机三维模型结构装配分析

● 样机加工阶段

进入到样机加工程序后，设计师的主要职责是进行协调和产品监制，把控和检验与设计相关的环节，当然也要尽力保证成品样机的各部分工艺和预想图的整体效果相吻合。很多企业都有自己的成品检验中心，对即将批量化生产的产品配件进行抽检。样机各部分加工出来后经过组装和调试，这时需要工程技术人员与设计师相互配合整理出一套相对完善的样机问题汇总表，然后对这些问题进行结构设计、表面处理、色彩设计、人机设计及其他细节上的优化调整，再交给加工方进行完善处理（见图 6-12 和图 6-13）。

图 6-12 加工制作的产品样机

图 6-13 经过改进及调试后的成型样机

● 批量化生产阶段

之后过渡到产品的批量化生产阶段（见图 6-14），这一阶段中，设计方可以协助企业展开产品上市销售前的相关宣传资料的设计制作工作，一般都会涉及产品样本设计、包装设计、展板或者展厅设计，可能有些企业还需要多媒体动态演示文档的设计制作，主要是对产品进行动态模拟的分析和展示。

图 6-14 企业产品批量化生产实景

● 项目总结

产品量产和上市后并不意味着设计的结束，很多案例表明它往往是一个新的开始，该企业经过此次产品的整体设计改良后，市场反响良好，产能也由最初的年产 10 余台激增到年产上千台，且市场仍供不应求。后期市场反馈信息表明该产品为企业创造的价值已经过亿元，而且得到了省市领导的高度认可。事实证明，设计者只有与具体实际项目相结合才会发现更多自身的不足并加以弥补，也在实践中了解和掌握更多与设计有关的必要工艺知识。所以设计者不应过分迷恋于表现效果的自我陶醉，而应更多地去寻求实践中的历练，把从中获得的技能和知识同创新思维及表现技术结合在一起，这样才能让设计师的设计水平得以大幅提升。

6.3 其他项目实践案例

　　但凡参加过实际工业设计项目的设计师恐怕对每次参与的项目都会有不同的感受，每个客户及产品的行业要求和对于审美的标准都有着较大的差异，所以往往也会产生不同的结果，但总的来讲，是否能够唤起市场的需求往往是衡量设计成败的重要标准。在此列举出笔者近年与企业合作开展的一些课题项目的设计方案，希望能够抛砖引玉，与同行及读者朋友们交流共勉（见图 6-15～图 6-24）。

图 6-15　辽宁森然生物质燃油锅炉产品设计草图

图 6-16　辽宁森然锅炉造型设计方案（荣获 2011 中国创新设计红星奖）

图 6-17　新松教育类机器人产品设计表现草图（一）

图 6-18　新松教育类机器人产品设计表现草图（二）

图 6-19　沈阳新松教育类机器人三维设计图

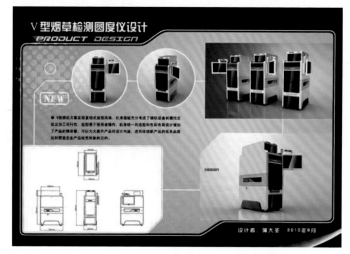

图 6-20　沈阳科仪烟草检测设备三维效果图设计

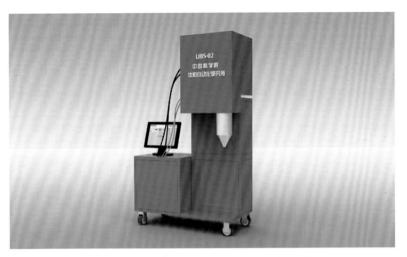

图 6-21　未经设计的企业激光检测设备原型机

图 6-22　经设计改造后的大型激光检测设备

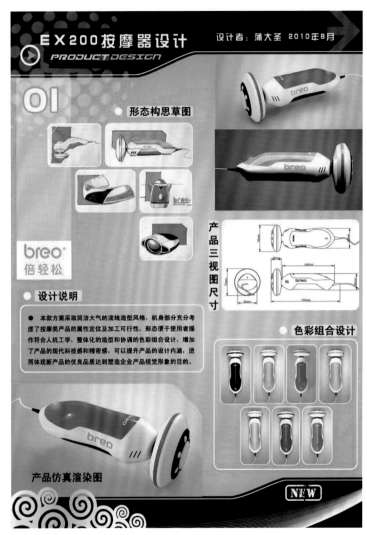

图 6-23　倍轻松按摩器草图及版式设计

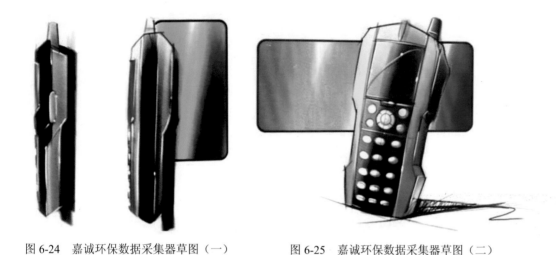

图 6-24　嘉诚环保数据采集器草图（一）　　　图 6-25　嘉诚环保数据采集器草图（二）

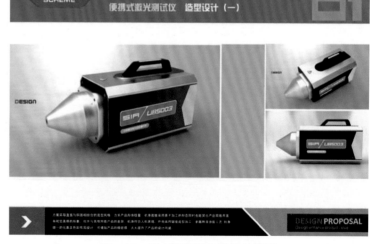

图 6-26　恒温生产线设计效果图　　　　　　图 6-27　激光检测设备设计效果图

第 7 章 手绘设计作品参考

本章所提供的产品设计表现图均是国内外设计机构和个人的优秀作品，可以作为学员表现技法研究、速写表达及效果图临摹的参考练习资料。

图 7-1 机床产品设计概念草图方案（一）

图 7-3 机床产品设计概念草图方案（三）

图 7-2 机床产品设计概念草图方案（二）

图 7-4 卡车形态设计草图

服务客户：沈阳飞行船数码喷印有限公司
产品课题：飞图小精灵3300喷印机

图 7-5　数码喷印机外观设计草图

图 7-7　电动交通工具设计草图方案（二）

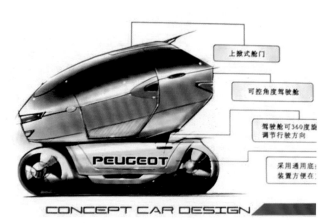

图 7-6　电动交通工具设计草图方案（一）

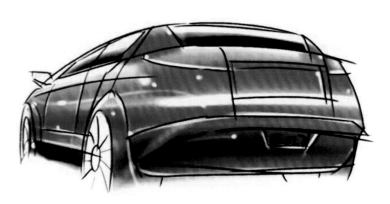

图 7-8　汽车形态草图快速表现

图 7-9　SUV 汽车效果图

图 7-11　汽车设计竞赛方案效果图

图 7-10　汽车概念性产品效果图

图 7-12　汽车造型效果图

图 7-13　数控机床产品效果图

图 7-15　手工喷绘战机效果图

图 7-14　超写实手工喷绘产品效果图表现

图 7-16　手工喷绘坦克效果图

图 7-17　手工喷绘装甲车效果图

图 7-18　手工喷绘战机效果图

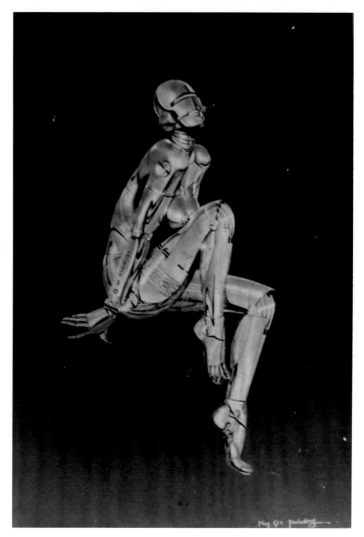

图 7-19　手工喷绘机器人（临摹作品）

图 7-20　考研类设计表现试卷参考图

图 7-21　欧美工业设计师汽车产品表现图（一）

图 7-22　欧美工业设计师汽车产品表现图（二）

● **产品设计表现相关资料网址**

http://bbs.billwang.net/f78/（手绘论坛）

http://www.designsketchskill.com/（中国设计手绘技能网）

http://www.hui100.com/Article/Index.html（手绘 100 网）

http://www.shouhui119.com（中国手绘同盟）

http://www.huisj.com/（绘世界）

http://www.verycd.com（搜索手绘表现）

http://blog.sina.com.cn/benjamin（本杰明的博客）

http://www.cgtop.com.cn/index.php（数位板之家）

http://www.em369.com/index.asp（艺盟手绘网）

http://www.cardesign.ru

http://sketchcargallery.com/

http://www.carbodydesign.com/

http://www.verycd.com/topics/79951/

图 7-23　国外工业设计师产品表现草图

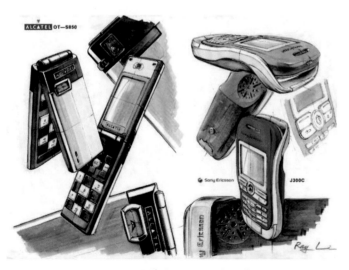

图 7-24　国内外产品设计师表现作品

图 7-25　产品设计师 Ray Li 的手机草图表现作品

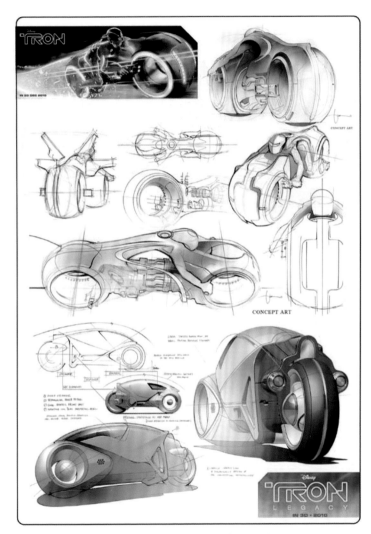

图 7-26　科幻题材电影中的产品造型设计

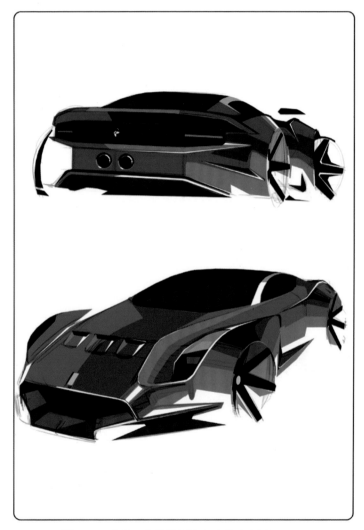

图 7-27　欧美工业设计师汽车产品表现图（三）

图 7-28　欧美工业设计师汽车产品表现图（四）

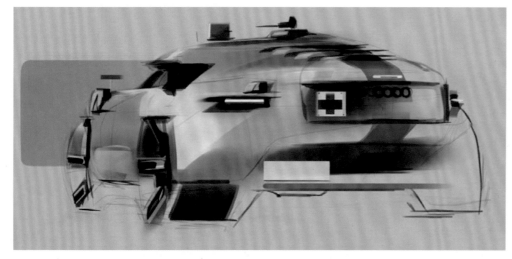

图 7-29　欧美工业设计师汽车产品表现图（五）

图 7-30 欧美工业设计师汽车产品表现图（六）

图 7-31 欧美工业设计师汽车产品表现图（七）

图 7-32　欧美工业设计师汽车产品表现图（八）

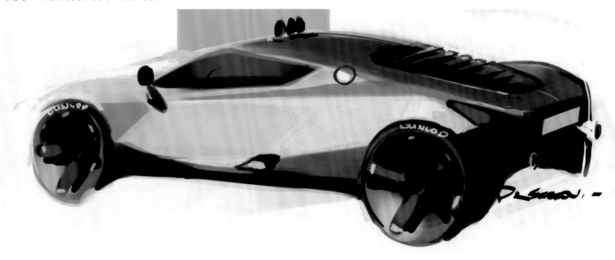

图 7-33　欧美工业设计师汽车产品表现图（九）

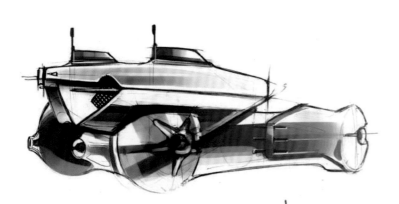

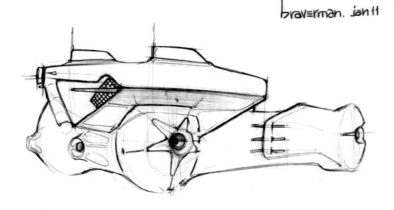

图 7-34　欧美工业设计师汽车产品表现图（十）　　　　　　　图 7-35　欧美工业设计师汽车产品表现图（十一）

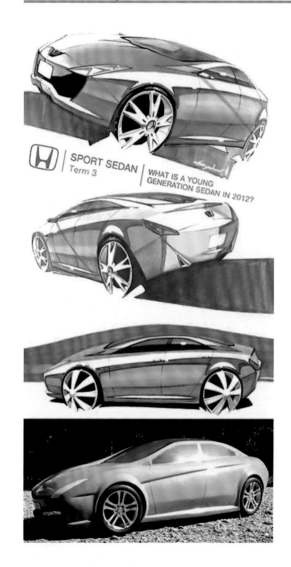

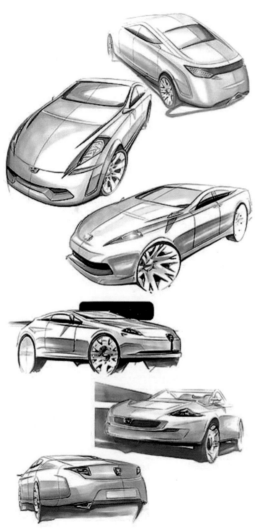

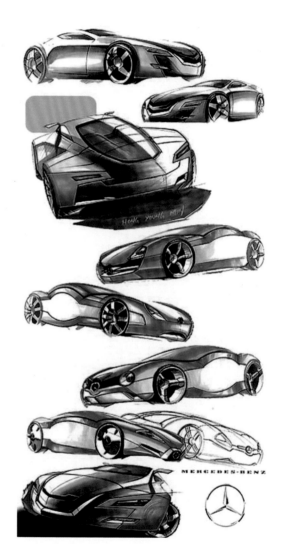

图 7-36　欧洲汽车设计学院设计师系列作品

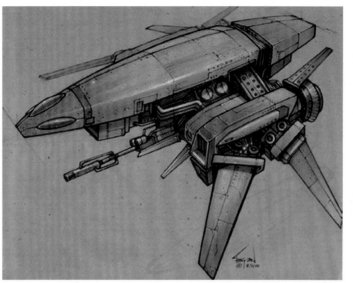
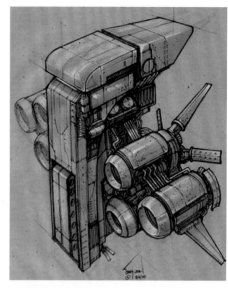

图 7-37　著名华裔设计师朱峰的概念设计作品（一）

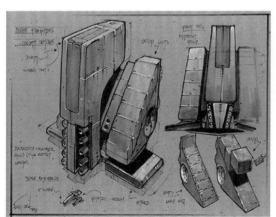
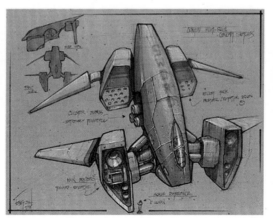
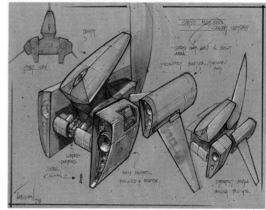

图 7-38　著名华裔设计师朱峰的概念设计作品（二）

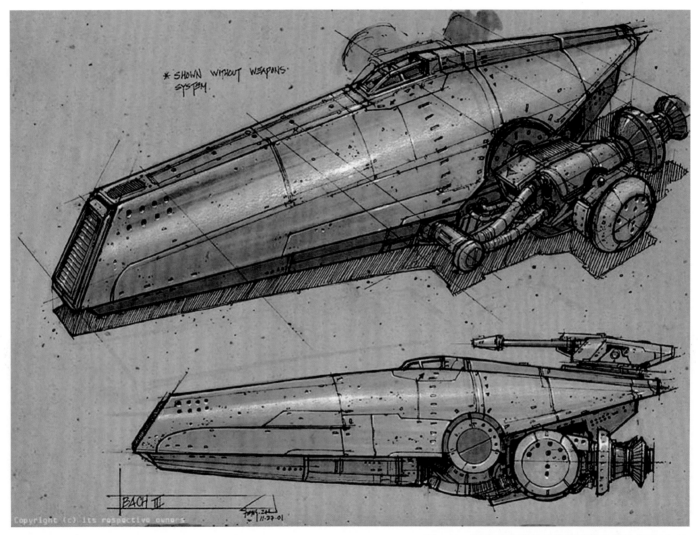

图 7-39　著名华裔设计师朱峰的概念设计作品（三）

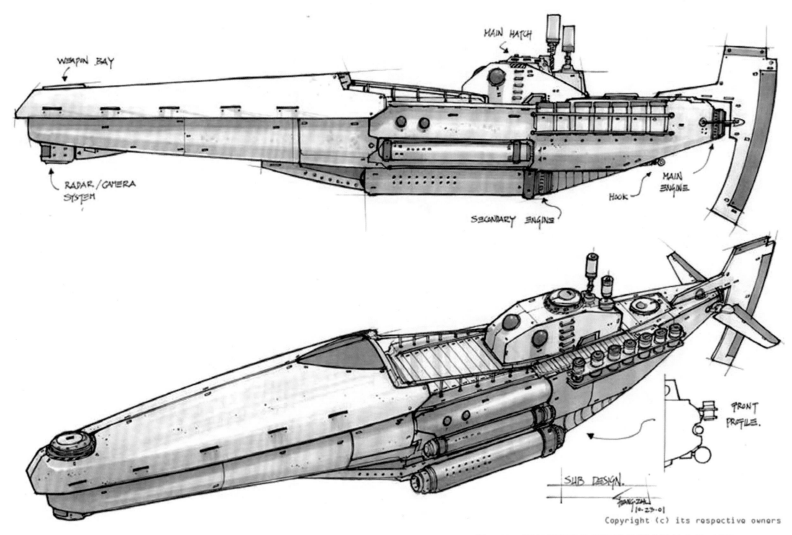

图 7-40　著名华裔设计师朱峰的概念设计作品（四）

参 考 文 献

清水吉治. 产品设计效果图技法. 马卫星，译. 北京：北京理工大学出版社，2003

陈新生，张宝，李洋. 工业设计表现快图技法与造型资料. 南京：东南大学出版社，2007

曹学会，袁和法，秦吉安. 产品设计草图与麦克笔技法. 北京：中国纺织出版社，2007

张克非. 产品手绘效果图. 沈阳：辽宁美术出版社，2008

李和森，章倩砺，黄勋. 产品设计表现技法. 武汉：湖北美术出版社，2010

后 记

　　工业设计人才越来越多地成为社会制造业和企业研发部门中的重要组成人员，而作为工业设计专业的基础必修课程——产品设计手绘表现技法则是工业设计师体现自身能力高低的重要标志之一。理工类院校中一直存在着学生设计表达能力较弱的现实问题，如何在有限时间内快速提升自身的手绘表现能力是诸多学生不懈追求的目标之一。编者根据多年教学指导经验及手绘技法方面的研究探索，总结出相对有效的规律，结合不同产品案例的详细教程步骤，展示了手绘设计表达的基本流程和常用技巧。让广大学习者通过实际环节的强化训练而使手绘功力得到有效提升是编者编写本书的目的所在。本书既适用于理工科及艺术类院校的工业设计专业的课堂教学，又适合学生自学辅导使用，也可作为从事工业设计手绘培训人员的参考资料。

　　本书在编写过程中得到了清华大学出版社杜长清老师，沈阳工业大学王世杰教授、张剑教授、刘旭老师和大连大学工业设计系主任宋杨老师及沈阳工业大学工业设计系部分同学的鼎力支持，在此对他们表示感谢，同时也要感谢我的家人，他们无私的默默支持是我克服困难不断前行的动力！由于编者水平有限，书中难免有不足之处，恳请读者批评指正。